幸福拉萨文库

U0160158

非遗篇

《幸福拉萨文库》编委会 编著

幸福拉萨文库

藏纸藏香艺术

漫漫经纸卷
悠悠藏药香

西藏人民出版社

图书在版编目（CIP）数据

藏纸藏香艺术 /《幸福拉萨文库》编委会编 . -- 拉萨：
西藏人民出版社，2022.6
（幸福拉萨文库 . 非遗篇）
ISBN 978-7-223-07077-5

Ⅰ . ①藏… Ⅱ . ①幸… Ⅲ . ①藏族－造纸－生产工艺
－介绍－拉萨②香料－生产工艺－介绍－拉萨 Ⅳ .
① TS75 ② TQ65

中国版本图书馆 CIP 数据核字（2022）第 049211 号

藏纸藏香艺术

编　　著	《幸福拉萨文库》编委会
责任编辑	格藏才让
责任校对	仁青才让
策　　划	计美旺扎
封面设计	颜　森
出版发行	西藏人民出版社（拉萨市林廓北路 20 号）
印　　刷	三河市嘉科万达彩色印刷有限公司
开　　本	710×1040　　1/16
印　　张	9
字　　数	143 千
版　　次	2022 年 7 月第 1 版
印　　次	2022 年 7 月第 1 次印刷
印　　数	01-10,000
书　　号	ISBN 978-7-223-07077-5
定　　价	40.00 元

前言
QIANYAN

藏纸藏香，源远流长

　　中国是一个陆地国土面积约 960 万平方公里，海洋国土面积约 300 万平方公里的大国，地域环境辽阔，自然条件复杂。不同地区的人们有着不同的生活习惯，加上多元的民族风俗影响，我国 56 个不同民族的文化可谓是丰富多彩、各具特色，其中藏族文化就是藏族人民在漫长的历史岁月中，逐步适应自然、改造自然而形成的一种高原文化。

　　青藏高原是世界上海拔最高、面积最大的高原，被誉为"地球第三极"。这片高寒的土地，平均海拔超过了 4000 米，年均气温低，昼夜温差大，虽冰雪广布、湖泊众多，但总体依旧比较干燥，大部分区域都为荒山、荒原，生态环境非常脆弱，加上空气稀薄，太阳辐射强，天气变化迅速而显著，对于人类生存的环境而言，这种自然条件其实非常严酷。尽管从数千年前的旧石器时代开始，就有藏族先民在此居住，但受恶劣的自然条件影响，在过去的很长一段时间里，这里基本上没有形成纯粹的农业区，对外交通也非常不便。

　　不过，勤劳智慧的藏族人民并没有被这些极端恶劣的自然条件所吓倒，反而因地制宜地形成了独具藏族特色的生产与生活方式，并由此形成了辉煌灿烂的高原文明。藏纸与藏香制作工艺，以及从中延伸而来的相关民俗

文化，便是今日多元藏族文化当中的两个分支。

在人类文明演进的过程中，纸张历来就是文明传承的载体，其兴衰变化都会记录在纸上，从而打破过往口口相传的时空约束而流传给后代。纸张的出现，不仅有利于文化的传播与文明的传承，也给人们的日常生活带来了极大的便捷，并且也在客观上有利于社会的发展。藏纸是西藏地区一种独特的纸张，它从无到有、从小到大、从简单到复杂的发展历史，也是西藏社会、西藏经济、西藏文化发展史的一部分。藏纸的出现，也让古老的西藏文明有了更好的传播、传承方式，让深处现代社会的我们，得以直观地看到数千年前雪域高原上的旖旎风光。

藏香，也是藏族人民在与高原大自然互动中发明创作的物品。佛教文化的兴盛，带动了西藏地区藏香产业的发展，让藏香在宗教与生活中的界限变得日益模糊，并且在千百年的发展中，逐步形成了浓郁且富有地方特色的藏香文化。今天的藏族人民，晨起奉一柱藏香早已成了习惯，大小事宜习惯请香也成了一种自然。

薄薄的藏纸，因为加入了特殊原料，质地坚韧，能历经千年岁月而不腐；细细的藏香，由于考究的手制工艺，明火引燃之后，悠扬的清香可以直达上苍。然而，就是这样两种形态、用途迥异的物品，却机缘巧合地在拉萨市的尼木县形成了一个结合点。这片两山相夹、一河穿行的地界，在时光荏苒中孕育出了三大"绝活"，藏纸和藏香各占其一。因此，尼木县也成了本书最为关注的焦点之一。

20世纪中后期，随着工业文明的进入，科技水平的提高，现代文明的发展给传统的藏族文化带来了不小的影响。一方面，脱胎于农耕文明的藏族传统工艺受到了前所未有的冲击，以藏纸、藏香为代表的艺术均受到了不同程度的影响，其中藏纸艺术甚至一度濒临失传的危机；另一方面，随

着全社会对民族传统文化的保护意识逐步增强，在国家和西藏政府的引导下，越来越多的组织和群众也积极投身到相关的保护工作当中，并且借助更先进的技术、更好的包装理念，让古老的艺术重新焕发出全新的光彩。

本书设置了藏纸、藏香两个篇章，分别从这两种藏族传统文化的历史渊源、制作工艺、产品类别、发展危机、复兴之路等角度切入，辅以众多生动的案例铺陈而来，同时配以众多精美而宝贵的图像资料，力求真实客观，且全方位、立体化地展现这两种西藏民族传统文化的独到之美。

由于时间仓促，加上编写团队的知识局限，书中难免存在纰漏之处，还望广大读者海涵、斧正。

目录
MU LU

纸

香　藏香篇

　　在西藏各大寺庙庄严而辉煌的经阁中，总能见到藏纸的身影，它们记载着这个民族的历史和文化，经千年而不腐朽。不过，和所记录的灿烂辉煌内容相比，藏纸本身就显得平凡且低调得多。朴实无华的外观、复杂讲究的制作工艺，加上一度濒危的处境，这种曾经深入藏族人民生活百态的物品随着时代的变迁，变得如同青藏高原上那些被云雾遮蔽的山峦一般，好似养在深闺人未识。

　　好在仍有一批藏纸工艺的继承者们选择了默默坚守，使得整个藏纸文化如同雪山上流淌下来的融水一般，涓涓流淌而从不断绝。也正是这些朴实匠人们的潜心坚持，赋予了源远流长的藏纸与现代文明继续对话的机遇。

第一章
拉萨藏纸，雪域精工

雪域高原从来就不缺乏神奇的事物。在这片最接近天堂的土地上，总有许许多多等待我们发掘的故事。头顶的晴空万里、脚下的格桑遍地、远处的山峦起伏、近旁的江河滚滚……神秘的青藏高原养育了勤劳的西藏人民，而他们也充分利用这里的气候、土壤、植被和水源，创造出了精湛的藏纸工艺。

● 养在深闺人未识 ●

五月的拉萨，早寒渐远，风和日丽，一年之中的旅游旺季随着日照的增长而慢慢拉开帷幕，五湖四海的游客从贡嘎机场、拉萨火车站两大枢纽源源不断地涌入拉萨市区。除了布达拉宫、大昭寺、八廓街这样的名胜，最受游客欢迎的，还有那些能够买到正宗藏族手工艺品的大小商店，像唐卡、哈达、藏毯、小佛像、藏族银饰、藏族服装，等等，这些极富高原特色的产品，店家乐于售卖，游客也非常青睐。每天都有不计其数的藏族手工艺品，通过各种渠道流向高原之外，将藏族的风韵与文化传播到世界各地。

近两年来，拉萨城内，特别是旅游名胜附近的藏族手工艺品店内，日渐流行起一些纸质的工艺品，比如纸画、纸扇、纸伞、纸帽、纸袋，等等。它们上面或印着西藏的历史人物，或印着西藏的风景名胜，或印

着藏文与其他藏韵浓厚的符号与图案。制作这些工艺品的纸张不仅非常漂亮，而且非常结实，且富有韧劲，有的店家还会专门售卖这种纸，一些游客也愿意用它来包装礼物，然后再送给亲朋好友。这种纸，就是我们要着重介绍的藏纸。尽管藏纸问世超过千年，但对于绝大多数人来说，它仍旧处于"养在深闺人未识"的状态，即便是在西藏自治区的首府拉萨，绝大多数人对它也知之甚少。

藏纸其实是一种统称，只要是在西藏地区，乃至藏族聚居地区生产出来的纸张，都可以称为藏纸。过去，整个西藏地区有很多地方都生产藏纸，像拉萨的尼木县、墨竹工卡县，拉萨之外的日喀则市、林芝市、阿里地区，等等，都是藏纸的重要产地。藏纸生产有一个重要的特点，那就是就地取材，因此原料的品种与品质会对成品藏纸的质地产生非常大的影响，这也将直接影响藏纸最终的用途。

不管是哪个地方生产的藏纸，狼毒草都是不可或缺的一种原料。正因为制作时加入了这种有毒的草，藏纸才不容易被虫蛀，也不容易腐蚀，从而达到传承历史的作用。早在藏纸被发明之前，藏民族的历史都记录在石头、木块等原始材质上，有了不易腐蚀、使用简单、更为轻便的藏纸之后，藏纸就成了传承拉萨乃至整个西藏文明的重要载体，不少经文也都抄在藏纸上，交由众僧传阅，从而实现文化的代代相传。

别看藏纸外表不如普通的纸张细腻，手感也没有那么顺滑，但每一

张藏纸都是匠人们凭借精湛的手法，用匠心和汗水铸就而成的。而且藏纸在选材和工艺方面非常考究，整个流程比较复杂，如果中途有一道工序出了问题，整个生产的过程就只能从头再来，因此将藏纸称为艺术品一点儿也不为过。然而，这些优点也直接导致了藏纸的稀有，并且使得藏纸的生产成本居高不下，从而在应对现代化工艺，以及在技艺传承人的培养等方面遇到了不小的麻烦。在过去的一段时间里，这门手工艺几近失传，藏纸也一度陷入了濒危的境地。

2006年，藏纸制作技艺被列入中国第一批国家级非物质文化遗产代表性项目名录，相关政府部门也给予了有力的扶持，这让藏纸的保护工作看到了曙光。一批有着"藏纸情结"的匠人也积极主动地投入了藏纸的保护工作当中，像次仁多吉、强巴遵珠，他们都是拉萨藏纸保护工作的坚守者与先行者，为藏纸工艺走向新生、走向未来贡献了巨大的力量。

好酒也怕巷子深。藏纸是藏族民间的技艺精粹，它于风烟之中传承了千百年的历史，现在也到了该走出深闺的时候。质地坚韧，不易腐蚀，能经受岁月的洗礼，藏纸的这些特性，恰好与"老西藏精神"当中"特别能吃苦、特别能战斗、特别能忍耐"的部分一脉相承。我们有理由相信，身兼众多优点的藏纸走向世界之日，就是藏纸尽显自身魅力之时。

● 格桑之地，必有藏纸 ●

青藏高原常常被视为苦寒之地。在这生命的禁区里，人们仿佛只有向大自然虔诚地膜拜才能求得一线生机。就像法国思想家帕斯卡尔所说的那样，人不过是一株脆弱的苇草，只因一滴水、一口气就足以致人于死命。然而，在这荒草萋萋的高原腹地却遍布着一种被称之为"格桑梅朵"的美丽花朵，把这片苦寒之地装扮得缤纷可爱。"格桑"是盛世的意思，而"梅朵"指的就是花，格桑梅朵就是盛世之花。在这高原之上如同生命奇迹一般绽放的格桑花，象征着藏族人民面对艰苦环境时的坚忍不拔，和他们心中对于幸福吉祥的殷切期盼，因为西藏有一种说法是，只要开满了格桑花的地方，就一定有生命的希望，就一定能在那里创造出幸福的生活。

广义上来说，格桑花是高原上生命力最顽强的野花的代名词。这些漫山遍野的花朵，不仅仅具有象征意义或观赏价值，还具有一定的实用性，成了藏族人民生产生活的一部分。这些或粉或黄、或紫或白的格桑梅朵，经过工匠艺人的巧手，变成了各色纸张中最美的点缀。因此，一个地方只要有美丽的格桑花，这里的能工巧匠们就能用它们制造出精美的藏纸。

格桑梅朵因为能够适应苦寒之地的环境才得以生存，藏纸工艺也才因为能够就地取材而被发明。由于各个地方的原材料有差异，制作出来的藏纸用途也不一样，有的被用作书写布告或公文，有的被用于抄录经书，有的则被用来记载文献。即便是同一个地方生产的藏纸，因为等级不同，配方存在差别，最终的用途也会不一样。比如，上等的金东藏纸通常用于印制钞票，普通的金东藏纸则按长短有着不同的用途，长的被用于撰写公文，短的则用于发布公告。达布藏纸的主要用途也在于布告和公文。加优、阿里和贡布的藏纸也都用于撰写各种盖有官印的文稿、命令或其他文件。措那的藏纸一般用于比较短的公文、命令，或是不同单位之间简短的书信往来，以及简单的日记等等。不丹的藏纸除了用于寺庙的大事记和耕地分配的公文，更多被用于印制《甘珠尔》《丹珠尔》等重要的经书。日喀则藏纸也被称为后藏纸，其中淡红色的细纸会用在扎什伦布寺的文书上，而日喀则藏纸中的粗纸则会被用来抄写萨迦寺的各种经书和其他文书。

可以说，西藏各地都盛产藏纸，而在拉萨，藏纸的主要产地在尼木县。这主要是因为尼木县和其他盛产藏纸的地方一样，遍布一种制作藏纸的重要原料，这种原料叫狼毒花。狼毒花的根、茎、叶，毒性都很大，因此而得名。狼毒花靠着这种毒性保护自己，从而免于被牛羊食用。同时，狼毒花生长在沙漠和草原的分界线上，是高原上一种生命力十分顽强的野花，因而也算是一种"格桑梅朵"。尼木藏纸正是充分利用了狼毒花的这种毒性，因而具备了比较强的抗腐蚀特性。

从一卷卷经书到日常生活的方方面面，格桑之地的历史都被记录在一张张或蓝或褐、或红或白的藏纸上。经过岁月的洗礼，穿越历史重重阻碍的尼木藏纸在经历了一段低潮之后，也顺利踏上了现代工艺和传统手工的融合创新之路，顺利地成了拉萨文旅产业中一款非常重要的文化产品。

● 始于吐蕃的藏纸简史 ●

藏纸记载了西藏的历史，而藏纸的历史却鲜为人知。从古代西方世界的羊皮卷、莎草纸，再到中国造纸术的声名远播，纸张的出现对于一个地区的文化发展和社会进步都起着巨大的作用。在中原地区的造纸术传入西藏以前，藏族人民也曾用过一些比较原始的书写载体，其中包括树皮、石板、木板、竹板、羊的肩胛骨等材料。

其实藏纸的历史也与西藏历史上政权的更迭息息相关，尤其是吐蕃政权。吐蕃政权是西藏第一个有明确历史记载的政权。西藏各部在吐蕃王朝的统一下逐渐凝聚起来，走出封闭的青藏高原。古代藏族社会由此开始呈现一派勃勃的生机。随着经济社会的发展，整个西藏的社会交往日趋活跃，作为交流工具的语言文字，其重要性逐渐凸显，迫切需要一种更加便捷、实用的载体来记录大量的信息。于是，藏纸也就在这个时期应运而生了。

宗教是西藏历史文化中十分重要的组成部分。对于吐蕃政权来说也是这样。吐蕃的传统信仰是继承自古代象雄王朝的雍仲苯教。而雍仲苯教是古象雄国王子辛饶弥沃在改革西藏原始宗教的基础上创立的。辛饶弥沃在创立雍仲苯教之后又先后创造了象雄文字，传授了五明学科（即工艺学、语言学、医学、天文学、佛学）。这些学科反过来又成为雍仲苯教的精华。因此，古象雄文明就是以雍仲苯教的传播而发展起来的。雍仲苯教在西藏的传播范围非常之广，时至今日仍然对西藏人民的影响极其深远。比如转神山、悬挂经幡、放置玛尼堆等都是雍仲苯教流传下来的风俗。可见，雍仲苯教和古象雄王朝创造了辉煌灿烂的古代文明，其中也有关于藏纸的记述。雍仲苯教的经典《金光珍宝》中就这样记载道："蓝褐玉纸泛青光，夺目金粉做书写……蓝褐玉纸泛碧光，炫目白银做书写……采纸珊瑚泛红光，青色玛瑙做书写……蓝褐玉纸泛蓝光，海贝黄铜做书写……海螺结纸泛白光，六珍草药做书写……"从上述材料可以发现，早在古象雄王朝时期，藏族人民就已经有了颜色艳丽的纸张和用于书写的矿物或植物颜料。

尽管古象雄王朝创造了非凡的古代文明，但吐蕃政权的崛起还是最终取代了它的位置，成了新一代的政权。而要真正确立起新政权就必须在宗教文化上采取新的形式。因此，松赞干布将印度佛教引入了西藏，与西藏本土的雍仲苯教相互交融，形成了今天独具特色的藏传佛教。

藏传佛教有利于吐蕃王朝的统一，而要在西藏各部形成统一的文化凝聚力就必须有效地传播佛教。佛教文化的重要载体就是经书。从著名的玄奘西天取经的历史中我们可以想象经书对于佛教的意义。对于与玄奘所处的唐朝存在于同一个时代的吐蕃政权来说，经书及其书写媒介的发展也很关键。西藏各地建立的寺庙，在辩经、法会这些宗教活动中都需要大量的经书。这无疑为藏纸的发展提供了契机。

然而，尽管西藏本地已有一些造纸技术，但由于青藏高原的物资和人员的匮乏，藏纸工艺还并未成型，很多时候还要依赖于中原地区运输过来的纸张。松赞干布作为吐蕃政权的缔造者十分仰慕唐帝国的繁荣昌盛，于是派遣使者向唐朝求婚。当时也想加强与吐蕃关系的唐太宗，在贞观十五年（641）以文成公主相许。为了唐蕃永好，文成公主千里迢迢远嫁吐蕃，从长安出发，经过河西走廊，最后抵达拉萨，带去了中原地区的物资原料、能工巧匠和风土人情。

明确记载西藏地区造纸的历史则始于唐高宗即位的永徽元年（650）。据《旧唐书·吐蕃传》记载："高宗嗣位……因请蚕种及造酒、碾硙、纸墨之匠，并许焉。"同年，这批入藏的工匠在拉萨建立了第一批纸场。随着吐蕃政权走出封闭的青藏高原与中原王朝开始频繁交往，西藏本地的造纸技术开始与中原的造纸术相融合，使得藏纸工艺在这一时期有了巨大发展。

吐蕃政权时期制作的藏纸，主要是以麻类纤维为原材料的麻纸，这种工艺一直持续到公元 14 世纪。从元代开始，藏纸工艺中又有了以树皮纤维为原材料制作皮纸的技术，这种技术一直用到明清以后。而用狼毒草的根茎制作藏纸的技术，大约与皮纸技术同时开始，并且一直延续至今。在汉藏文化漫长的交流融合过程中，勤劳智慧的藏族人民在吸取中原造纸经验的同时，又根据青藏高原的水土风物加以改进，最终形成了今天独具特色的藏纸制作工艺。

第二章
一卷藏纸，一段往事

往事越千年，经书历万世。一卷藏纸不过盈盈一握，却记载着往圣先贤的传世名言，一段往事不过匆匆数载，却承载着民族交流的千古佳话。文成公主进藏不仅带来了造纸制墨的工艺，更重要的是还开启了西藏古代历史上最繁荣昌盛的阶段。

● 从和亲写起的拉萨札记 ●

吐蕃政权是由古代藏族在青藏高原建立的一个政权，也是西藏历史上第一个有明确史料记载的政权，自囊日论赞至朗达玛，前后延续长达两个多世纪。然而，由于自然的风化、人为的破坏，这期间的很多历史资料都早已损毁，直到14世纪时，西藏学者才撰写出了一批关于吐蕃的历史著作，《西藏王统记》《西藏王臣记》等藏文典籍便是其中的代表。不论是14世纪的学者能凭借有限的历史资料写出吐蕃的历史著作，还是今天的我们能有幸亲眼见到700多年前的吐蕃历史原著，这都与能千年不腐、穿越时空的藏纸有关。那么，神奇的藏纸究竟是怎样出现的呢？这就不得不提到一个动人的西藏传说了。

公元7世纪，刚刚一统了青藏高原的松赞干布便率军攻打唐朝，还声称要娶大唐公主。唐太宗李世民紧急招兵迎敌，大败松赞干布于松州。然而就在三年后，李世民却忽然宣布将文成公主远嫁吐蕃。自古以来都

是战败方主动求和，结为姻亲，这次作为战胜方的唐朝廷却率先将公主下嫁，着实令人费解。其实早在双方开战之前，松赞干布就有求婚之想，不想被唐朝拒绝。由于觉得没面子，松赞干布才主动引战，后以战败告终。两年后，松赞干布又派人带了众多珍宝去大唐求亲，这次，唐朝以高标准接待了松赞干布，且经过松州一战，双方都见识到了对方的实力，也意识到止战和亲或许是最好的选择。于是，文成公主就出发去了吐蕃。

临行前，文成公主在长安城里筹备了很多物资，包括各种农作物的种子和有关的书籍，另外，她还带了一些铁匠、木匠、石匠，准备让相关的手艺技术一同在西藏扎根。行至中途，文成公主一行人被路纳河挡住了去路，公主便找来一段树干横在河上做桥。后来，老百姓就把这座桥称为"内地桥"。过河以后，一只小鸟又飞来对公主说："公主，公主，这儿是片沼泽地，不好走。"公主便剪了一把羊毛撒在地上，带领大家顺利穿过了这片沼泽。也由于文成公主撒了这把羊毛，当地的牛羊从此变得又肥又壮。

文成公主一行经过达尤龙真的时候，乌鸦带来了坏消息："松赞干布已经死了，你还去干什么？"公主听闻，心里难过，便在当地修了一座石屋住了下来。难过的公主无心梳妆，右边的头发散了也不理会。尽管如此，文成公主还是下定决心，即使松赞干布真的去世了，她也要去看看！

此时，天鹅从远方带来了一个好消息："快到拉萨去吧，松赞干布的身体很健康！一切都会吉祥如意！"文成公主听后高兴得立刻启程，但在路上又被乃巴山挡住了，公主就把乃巴山背到一旁。时至今日，乃巴山下还留有文成公主的脚印。就这样，文成公主一行人跋山涉水，不远万里抵达西藏。年轻的赞普松赞干布在拉萨隆重地迎接这位美丽的公主，最终与她结为夫妻，同结连理的还有东土大唐与雪域高原的文化，藏纸工艺便在这种创新融合中悄然诞生。

其实我们知道，唐蕃和亲是唐朝统治者和吐蕃政权首领出于政治目的的联姻。但从民间传说中，我们可以看到西藏人民对于文成公主的爱戴。正因如此，尽管关于藏纸起源的确切历史还有待专家学者进一步考证，但西藏民间则广泛认为，正是这位不远万里为西藏人民带来各种先进技术、文化和能工巧匠的汉族公主，开创了西藏地区的辉煌造纸历史。

不过，纸张并不是凭空被发明出来的。从昭君出塞到文成公主进藏，我国历朝各民族间的交流史不仅是一种政治联姻，更重要的是在事实上推动了各民族之间的相互学习和共同进步，为纸张等的制作发展带来了潜移默化的影响。

"书同文"不仅是秦始皇统一中原的手段，也是任何一个民族加强民族认同感的手段。书写形式的发展往往与书写内容的发展密切相关，藏族人民正是在有了自己的文字之后，对于书面文献的需求才慢慢开始出现。松赞干布不仅是吐蕃政权的实际创立者，他还为藏族语言文字的创制做出了贡献。他曾让留学印度的吞米·桑布扎参照印度的梵文创制了藏文，拼写藏语的 30 个辅音字母和 4 个元音字母便在这一时期出现，为了让藏族人民便于记诵，他还发明了藏语的文法歌诀。在松赞干布的大力推行下，这种从左往右横向书写的拼音文字开始在西藏流行，后来这种文字又经历了三次改革，才最终成了我们今天看到的藏文。

要书写的内容除了用于交流沟通的文字，还有作为农牧业发展关键因素的历法。公元 7 世纪时，吐蕃在参考唐朝历法的基础上，创制了适合于西藏地区特点的藏历。藏历也有二十四节气，但将汉历中的天干地支分别改成了五行和生肖。也正因为有了上述这些发展进步，藏族人民在平时的生产生活之中，需要书写的内容大大增加。于是，人们对于书写工具的需求也大大增加了，并且渴望制造出一种既好用又轻便的书写载体，于是纸张便被发明出来了。

尽管西藏本地曾经有一些造纸工艺，但由于原料成本太高、生产物资匮乏和制作技术繁复等因素的制约，纸张的产量始终无法增加，有限的纸张只能用于少数特殊的场合。因此在最初的很长一段时间里，西藏地区用于文书撰写的纸张都要从中原地区采购。然而，中原地区与青藏高原毕竟山川阻隔、交通不便，运输过程十分艰辛，而中原地区的纸张又较为纤薄，长途颠簸很容易让纸张破损，最终完好运达的纸张也非常有限。纸张"内无法量产，外难以运输"的局面，让当时吐蕃的文化事业发展遭遇了不小的阻碍，吐蕃政权也急切地想要从唐朝学习能够在西藏本地量产纸张的造纸技术，于是便有了前面的文成公主带造纸术跋山涉水来到西藏的故事。

当时，吐蕃的经济、政治和文化中心当属逻些和雅砻，也就是今天的拉萨和山南，这些地方的行政事务和宗教活动对于纸张的需要最为迫切。于是，在唐高宗永徽元年，也就是公元 650 年，来自长安的工匠和西藏当地的人民一同在拉萨建立了第一批造纸工场。这一年可以视为西藏造纸的新发展阶段。

不过，唐朝中原地区的造纸术来到西藏之后，也遇到了"水土不服"的麻烦，并不能直接照搬。首先是材料的问题。蔡伦造纸的重要原料是竹子，而西藏地区不产竹子，所以要在西藏造纸，必须在西藏当地找到

合适的替代材料。另一方面，当时西藏地区的人们写字大多采用硬笔，对于纸张的质量要求，自然就与中原地区用软毛笔在宣纸上书写不同，因此整个纸张的制作配方和工艺也要根据西藏地区的实际需求做出调整。

因此，从拉萨建立起第一批造纸场开始，汉藏两地的工匠就开始为在西藏造出合适的纸张而不断地探索。历经无数次失败的汉藏工匠终于在西藏找到了合适的造纸原材料，并在后续的生产实践中逐步形成了独具特色的造纸工艺。这门技艺也乘着汉藏和亲的春风，从拉萨的纸场向西藏各地开枝散叶，经过宋元明清历朝历代各民族之间的交流融合，最终形成了今天在西藏星罗棋布、各具特色的藏纸艺术，为西藏文明的发展与繁荣贡献了巨大的力量。

● 到布达拉去，到藏经阁去 ●

西藏文明看拉萨，拉萨文化看布达拉。布达拉宫之雄伟壮丽，不仅

在于其红山之上的巍峨身姿，也在于其曾属西藏地区政治和宗教中心的历史地位，更在于其内部宫殿、佛堂、经阁内典藏的万部经书。这些经书不少都以藏纸为载体，有了千年不腐的特性加持，再加上守经人前赴后继的守护，才有了今日布宫之内卷轴堆叠陈列出来的厚重气息，以及一眼千年般的视觉震撼。

布达拉宫分为白宫和红宫，位于白宫的强巴佛殿内四周经书架内供奉有二百七十部藏经。其中包括西藏最古老、最珍贵的纳唐版《丹珠尔》大藏经一套，以及五世达赖喇嘛和六世班禅大师著作全集各一套。这些经书均用特殊的墨汁书写而成，所用的墨汁取材于金、银、铜、珍珠、松石、朱砂、青金石、海螺等八种珍贵的天然材料。这些佛教经典还用黄色的丝绸缎带包裹着，用优质的木材夹板镶嵌着银饰，并用五彩丝线编成的彩带进行捆扎。

作为大藏经的一部分，《丹珠尔》囊括了诸多学科的内容，被称为藏文化的百科全书。收藏在强巴佛殿的纳唐版《丹珠尔》，成书于公元1801 年，共计二百二十五部，内容可分为十八大类，包括赞颂、续部、般若、中观经疏、唯识、俱舍、律部、本生、书翰、因明、声明、医方明、工巧明、修身部、杂部、阿底夏小布和总目录。

位于布达拉宫红宫最高处的萨松朗杰三界殿，供奉着两件反映清朝中央政府与西藏地方关系史和祖国统一发展史的重要历史文物，其中就有一部历经三十年完成的、正文用朱砂印制的一百一十部满文《丹珠尔》大藏经全套。

红宫西大殿南侧的仁增拉康即密宗传承殿，殿内周围东、西、北面的金属墙内，存放着用金粉、银粉、朱砂等写就的经典文献，共计两千五百多部。位于红宫西大殿西侧的五世达赖喇嘛灵塔殿，外观四层，通体异常，是布达拉宫红宫内一处非常著名的殿堂。周围的经书架内存有典籍一千余部，多为善本，其内容涉及宗教、文化、艺术、医学、语言等学科，包括《甘珠尔》《丹珠尔》《大般若》《八千颂》等珍本，其中以西藏首部刻板《丹珠尔》尤为珍贵。

布达拉宫诸宫殿内所珍藏的这些经书都是举世无双的珍品，不仅具有极高的文献价值，而且是藏纸工艺的活化石，忠实地记录着西藏文明，乃至藏纸本身的诸多往事。

● 普通的藏纸，伟大的《大藏经》 ●

1976 年 7 月 28 日，一场世纪大地震将唐山城夷为平地，百余公里之外的北京震感强烈，北京白塔寺的塔顶也因余震受损而倾斜。两年后，北京市启动了对白塔寺的修缮工作，在这个过程中，负责维修的工人发现，受损的塔顶内竟然藏有大量的古籍经卷，这随即引起了专家们的注意。一番考究之后最终确定，它们源于藏文《大藏经》，是清朝乾隆主持印制的第一个汉文版本，又称《龙藏》。

《大藏经》吸纳了一千七百多年的佛教经典，有佛教百科全书之称，可以分为经、律、论三个部分。因此，《大藏经》也被称为"三藏经"或"经藏"。其中，"经"指佛陀教言，"律"指佛家遵守的戒律，"论"指对佛教理论的各种阐述，"藏"的意思则是容纳收藏。

藏文《大藏经》分为《甘珠尔》和《丹珠尔》两个部分，总共有四千五百七十部之多。《甘珠尔》的"甘"是"教言"的意思，而《丹珠尔》的"丹"是"论述"的意思，"珠尔"则是"翻译"的意思。

《甘珠尔》是关于释迦牟尼本人教言的集合，而《丹珠尔》则集合了来自印度和西藏的佛教大师和翻译家对《甘珠尔》所做的注释和论述。这部经典的内容极为丰富，涉及了哲学、文艺、语言、天文、医药、工艺等各个方面。

藏文《大藏经》不仅是藏传佛教的经典著作，更是藏族文化的集大成者。《大藏经》能够经久不衰，既离不开经典的内容，也离不开传播的载体。西藏造纸、印刷工艺的支持，让这一切都变得"天时地利"。若要为其传承邀功，平凡而普通的藏纸必居其中重要的一席。藏文《大藏经》在传播过程中形成了各种写本和刻本，出自西藏地区的版本，多用藏纸写就或印刷。这些不同版本的经典，大部分都供奉在西藏地区的众多寺庙里，一小部分收藏在部分老百姓的家中。此外，还有不少藏文《大藏经》安放在无数的佛塔中供人们瞻仰，北京白塔寺中会发现汉文《大藏经》，大抵也是效法于此。

这些典籍能够在岁月的打磨中幸存，则要归功于藏纸的特殊工艺。藏纸品类繁多，却不是所有的品种都能用来写经。一般来说，供寺院写经所用的藏纸都比较厚重且坚韧，纸张上的纤维束比较少，而又略微呈现出淡黄色。经过砑光和施胶等工序的处理，这时的藏纸就特别适于书写，纸幅也比较大。如果再在其中加入具有防蛀作用的狼毒草纤维，重要的经文便可千年不腐。

《古今贤文》中有云："伟大出于平凡"，而卷帙浩繁的《大藏经》与外柔内刚的西藏纸，或许就是对这句话所做的一种别样却生动的注解。

第三章
生活处处有藏纸

藏纸虽然取材于雪域高原上的种种草木，但由于选用的材料和采用的工艺不同，最终成形的纸张当中，有的坚韧，有的柔软，有的素净，有的绚烂。在多年的生产生活当中，勤劳智慧的藏族人民为这些不同特性的藏纸找到了各自最佳的归宿，并且通过不断的调试改进，让它们化身万物，巧妙地走进了藏族百姓的日常生活当中。

● 翱翔百年的纸风筝 ●

"儿童放学归来早，忙趁东风放纸鸢。"在古代，中原地区的汉族人民很早就有放纸风筝的习俗。其实，不仅中原地区爱放风筝，藏式风筝也早已在青藏高原的天空中翱翔了一百多年，而且在整个西藏都十分流行。在拉萨一带，风筝被称为"洽皮"，意思是飞鸟；而在日喀则一带则被称为"秀洽"，意思是纸鸟，和古代中原地区将风筝称为"纸鸢"有异曲同工之妙。

据传，独具特色的藏式风筝，是伴随着藏纸的出现而逐渐发展起来的。用藏纸制作的藏式风筝一般呈菱形，左右两侧比较宽，上下两头比较窄。制作藏式风筝时，需要纵向粘贴一根上粗下细的竹条来固定风筝，横向穿插一根稍稍拱起的竹条把整个风筝撑开。藏纸的厚度和韧性刚好可以满足工艺的需求，既能固定住风筝的竹条，又不至于把纸张撑破。

藏纸的色彩较为丰富，这也为藏族人民制作彩色的风筝提供了可能。在西藏，不同颜色、不同图案的风筝不仅叫法不同，寓意也不一样。比如，一般的白色风筝叫"嘎扎"，没有什么特殊的寓意；"加屋"表示的是大胡子图案的风筝，往往跟男性成熟、勇敢的形象有关；"帮典"是围裙的意思，寓意比较简单，表示丰富的色彩；至于"米啰"则代表"瞪眼睛"的行为，"切瓦"则表示的是口腔上腭的犬齿，它们一般都用在斗风筝的时候，用来向对方表示自己的威慑力。

说起斗风筝，这可谓是藏式风筝游戏的一大特色，它不是像百花争艳一样的选美比拼，而是有点类似于现代的竞技类运动。斗风筝的关键在于风筝线，看的是谁能先把对方的线给弄断，它比的不是好勇斗狠，而是手眼合一、收放自如，非常考验巧劲。在斗风筝开始之前，人们会在风筝线上用糨糊粘上一些极为细碎的玻璃粉末。当两只风筝的风筝线在空中交织时，放风筝的人既要注意风向的变化，防止跟对方的风筝线相互缠绕，又要注意自己手中风筝线的收放。正是这一收一放，两条风筝线相互摩擦，细碎的玻璃粉末宛如锋利的刀刃，转瞬间就能将一方的风筝线割断，风筝也随之飘落。胜利的一方则会大声庆祝，失败的一方也觉得别有趣味。

在西藏，放风筝的时间也与中原地区有别，中原汉族人民一般在春天放风筝，但在西藏地区，每年秋天的时候才开始放风筝。因此，在秋收时节的雪域高原，我们常常可以看到这样的场景：田野里成熟的青稞铺展开一幅金色画卷，大人们在田间地头忙活着，一些人弓着身子在忙着收割，一些人忙着将收割好的青稞运到打麦场开始脱粒。拉萨河边的孩子们却抬头望向天空，手里还不停地忙活着一拉一松。只见碧蓝的晴空里，一只只飞翔的风筝上绘有不同的图案，色彩绚丽，形象生动，为高原画卷平添了别样的美景。

● 一张藏纸币,柴米油盐茶 ●

　　藏纸不仅可以作为书写工具、制成游戏玩具,还参与到了西藏地区的经济活动中。旧西藏就曾发行过藏纸币。在促进西藏地区的物质流通、方便人民生活等方面,藏纸币的出现和使用都曾起到过一定的推动作用。

　　藏纸币的特色首先体现在其外观图案上。以 1912 年至 1926 年间单色印刷的五种纸币为例,其中五章噶的纸币正面图案包括雪山、太阳、狮子、云、水、花、瓶等几种,背面的图案则主要由法器等纹样组成;十章噶的纸币背面则主要是八宝吉祥图案;十五章噶的纸币正反两面都绘有聚宝盆;二十五章噶的纸币的正面是狮子图案,背面则绘有君臣、神仙,以及象征团结的大象、狮子、兔子、麻雀等四种动物;五十章噶的纸币正面是双狮图案,背面的图案则是太阳、桃树,外加象征长寿的寿星、白鹿、仙鹤等形象。

　　从第一张藏纸币的发行到最终被废止,其间的历史约为百年。清朝时的西藏地区虽属中央政权管理,但碍于山川阻隔,它又有一套自成一体的货币发行机制。清朝乾隆五十七年,也就是 1792 年,清廷驻藏大臣在工布地区监造了一种纸质藏币,名为"久松西出",是藏语 13 和 46 的组合,意指当年是藏历十三饶迥的第四十六年。"久松西出"是目前已知最早的藏纸币,不过它在发行之时,西藏主要的流通货币是金属货币,"久松西出"的印发量都不大。直到清朝灭亡后的 1912 年,由于缺少银两和其他铸币材料的供应,当时的西藏地方政府为了缓解地方的财政问题,才真正开始大批量印刷纸币,而当时用于印刷纸币的纸张,就是西藏自产的藏纸。这批藏纸以狼毒草的根茎作为主要材料,并且刷上了桐油,不仅可以防止虫蛀鼠咬,还有很好的防潮效果。相比于当时其他地方生产的纸币,这批藏纸币的储藏保护效果更好。

从 1912 年大规模印刷，到 1959 年正式废弃，藏纸币的辉煌历史只有短短半个世纪。尽管藏纸币的历史非常短暂，却仍旧能以 1926 年第一套套色藏纸币的产生而分为前后两个阶段。1912 年，当时的西藏地方政府成立了地方银行，扎基造币厂开工，同年开始制造纸币。从 1912 至 1926 年，制造藏纸币采用的是木版手工印刷技术，只能印一种颜色，一套纸币共有五种面值：五章噶、十章噶、十五章噶、二十五章噶、五十章噶。另外，地处拉萨市罗布林卡西边、成立于 1918 年的诺堆金币厂还曾于 1920 年印制过七两五钱的纸币。

1926 至 1959 年，藏纸币开始使用机器印刷，此时的纸币面值改为五十章噶、五两、十两、二十五两、一百两五种。位于拉萨北郊、成立于 1922 年的夺底造币厂于 1926 年首次使用机器进行套色印刷，印制了面值五十章噶的纸币，这种纸币一直生产到 1941 年。从 1937 年开始，当时的西藏地方政府开始印制面值为一百两的套色纸币；1946 至 1948 年间又印制了面值为五两和十两的纸币；1949 至 1959 年，还印制了面值为二十五两的纸币。其中，面值为一百两的纸币，制作工艺十分独特，由两张手工制作的藏纸贴合而成。贴合前，其中一张的贴合面会先印上藏文"甘丹颇章却来朗杰"的字样，以表示类似"官方印制"的效果。这项操作，可以视为当时藏纸币生产过程中所采用的一种防伪技术。

不论采用何种印刷技术制作而成的藏纸币，其货币号码一律由手工填写，这也是藏纸币的一大特色。不过，由于没有完善的准备金制度，藏纸币从一开始就不是一种正规的货币，流通范围也主要限于拉萨及周边地区。随着 1959 年西藏民主改革，藏纸币也在 1959 年被最终废止。但是，藏纸币的出现和使用毕竟扩宽了藏纸的使用范围，也对藏纸制作工艺提出了更高的要求，并且在客观上推动了藏纸工艺的技术进步，是藏纸发展史上不容忽视的一个重要阶段。

● 小而美的藏纸邮票 ●

西藏地区位于我国西南边陲，高原险山广布，自然环境恶劣，交通非常不便，在很长一段时期内，与外界都处于相对隔绝的状态。从元朝开始，西藏地区正式纳入中央政府的有效管辖下。在古代吐蕃邮路的基础上，元朝政府打通了大都到西藏各主要地方的驿路，奠定了西藏地区邮路的雏形，以此作为联通西藏与中央政府的有效手段。此后，明清两代在元代的基础上，进一步加强了对西藏的治理，并将驿路分为东北路、西北路、东路、中路和西路，促进了西藏与外界的联系，这也为日后邮政事业的发展打下了基础。

然而，自近代以来，中国政府屡遭帝国主义侵略，逐步沦为半殖民地半封建社会。当时的清政府、北洋军阀和国民政府等中央政权均无力顾及边疆地区的开发和建设，从而给了帝国主义入侵西藏的机会。因此，在长达半个世纪的历史中，西藏地区除了有中国政府的邮政系统，同时还并存着英国控制的所谓"客邮"，以及西藏地方政府自办的邮政系统。邮票的发行也处于这样的多轨并存状态。

1896 年，在海关总税务司赫德的建议下，清朝光绪帝批准成立了大清国家邮政系统，统管清朝各地方的邮政。清朝统一管理西藏邮政的时期，一共发售过两种邮票，第一种是第三次印刷的普通"蟠龙"邮票。"蟠龙"邮票是大清国家邮政发行的第一套普通邮票。这套邮票分为三种面值，分值邮票的中心圆圈内绘有龙形图案，角值邮票使用的是鲤鱼图案，元值邮票则采用飞雁的图案。整套"蟠龙"邮票经历了三次印刷，前两次印刷的邮票均没有在西藏发行，在西藏发行的这套，1901 年印刷于伦敦，直到 1910 年才在西藏发行。

第二种邮票就非同寻常了，它的特殊之处不仅在于西藏专用，还在于它虽是我国的邮票，却自行加盖了外国的币值，这种情况，纵览整个中国邮政史也是独一无二的。这套邮票的底板沿用的是第三套"蟠龙"邮票，币值以汉语标注，藏语是对汉语的翻译。然而，这两种语言标注的币值没有实际意义，真正的币值是以英语标注的，以当时的印度卢比为面值单位。也就是说，在原有的邮票上加盖英语，就是取消"蟠龙"邮票上的面值，改以西藏当时所流通的印度卢比为新面值，以适应当时的邮政状况。会出现这种情况，就不得不提及中国邮政史上的一个特例——"客邮"。

所谓"客邮"，就是帝国主义强行在中国开展的非法邮政活动。18世纪后半叶，在印度建立了殖民地的英国开始逐步向西藏渗透。1888年，英国第一次武装侵略西藏，中国被迫在1890年与其签订《中英会议藏印条约》；其后，又于1893年签订了《中英续议条款》，其中的条款为英国在西藏建立"客邮"做足了准备。1903年，英军入侵西藏康马宗，并在当地开设了战地邮局。这是英国未经清政府和噶厦地方政府允许而开办的第一所邮局，也是"客邮"的开始。1904年，英军强迫噶厦地方政府签订了未经清中央政府承认的《拉萨条约》，并且强行在西藏多地建立邮局、发行邮票。1908年，中英双方又签订了《中英修订藏印通商章程》，依此，英国控制的印度政府在中国西藏地区取得了兴办邮政事业的实权。1947年，印度宣告独立后，英国在西藏的邮政业务为印度所继承。"客邮"现象直到1955年，印度依据《中华人民共和国关于中国西藏地方和印度之间的通商和交通协定》，向中国政府完成所有邮政企业和邮政设备的正式移交之后才宣告结束。

1911年，孙中山领导的辛亥革命推翻了清政府，大清邮政系统也随清政府一起垮台，西藏地区只剩"客邮"。十三世达赖喇嘛土登嘉措借鉴西方邮政制度，于1912年在西藏创立了"扎康"，也就是藏语中所称的"邮局"，开创了西藏地方邮政系统，并开始发行邮票。

　　"扎康"总共发行了三套普通邮票、一套公文邮票和一套电报邮票，其中三套普通邮票均由林芝生产的藏纸制成。这类藏纸在生产时，往纸浆中加入了防虫蛀的狼毒草根。由这种工艺制成的藏纸，当时专供印制藏纸邮票和藏纸币，或是专门给达赖喇嘛使用。

　　三套普通邮票中，第一套分为橄榄绿、石青、灰紫、深红、红、灰绿六种颜色，分别对应 2.5 分、5 分、7.5 分、1 钱、1.5 钱、1 两，共计六种面值，汉语译名分别为：卡岗、噶阿、齐吉、雪岗、章噶吉、桑吉。票面图案由内外两个圆圈组成，圆圈外的四个角上是凹印的云纹，内圈中心凸印了一只昂首翘尾的狮子。内外圈之间的空隙上印有文字，标明了藏文的"西藏地方政府"、英文的西藏邮资、藏文的面值等三类信息。这套邮票以十二块木质活字雕版手工印刷而成，制作比较粗糙，没有齿孔、背胶、水印。

　　第二套普通邮票由两枚高面值票组成，一种是深蓝色的四章噶，另一种是洋红色的八章噶。票面上有三个内外相套的圆圈，最里面两个圆圈之间绘有花纹，外面两个圆圈之间标有藏文的"西藏地方政府"和面值，以及英文的西藏邮资等字样。整套邮票为正方形，同样没有齿孔、背胶、水印，并由手工凹雕、印刷而成。

　　第三套普通邮票一共五枚，包括黄、蓝、橘红、大红和绿色五种颜色，面值分别为 7.5 分、1 钱、一章噶、二章噶和四章噶。这套邮票的票面图案与之前的两套不同，分为上、下、左、右、中，共计五个区域。上方区域印有藏文的"西藏地方政府邮资"字样；下方区域印有英文的"西藏"字样；左右两个区域印有面值；而中间的区域则凹印了一只伸舌瞪眼、神气活现的狮子，狮子头上顶着瑞日祥云，脚下蹬着风火轮。整套邮票虽然仍旧没有背胶和水印，但有了用缝纫机打出来的少许不规则齿孔，且兼有手工压制和机器印制两种制票方式。

　　西藏地区自办邮政发行邮票是我国邮政史上极为特殊的一个阶段，从 1912 年成立扎康到 1959 年废止，一共 47 年。在艰难困苦的年代，西藏地方政府没有将西藏的邮权拱手让给"客邮"，而是历尽艰辛，创办了扎康这一纯粹的民族自治邮政机构，藏族人民内心的勇敢与不屈得以尽显。与此同时，这些藏纸邮票上的图案纹饰不仅体现出了藏族独有的民族风格和民俗特色，也在事实上促进了彩色藏纸生产工艺，以及藏纸绘制与藏纸加工技艺的发展。

● "纸玻璃"也能御风寒 ●

冬月的拉萨，室外大雪封山，天寒地冻，室内暖气蒸腾，温暖如夏。透明玻璃窗的两侧，仿佛是冬夏两个时令的对望，薄薄的一层玻璃，成了阻隔严寒与温暖的壁障。可以说，玻璃是人类文明中的一项精彩而伟大的创造。不过，在能够"透过阳光，挡住热量"的玻璃被发明之前，古人用什么来封住窗户、遮风避雨呢？答案就是——纸张。

唐代名臣郭震就写过一首咏物诗——《纸窗》："偏宜酥壁称闲情，白似溪云薄似冰。不是野人嫌月色，免教风弄读书灯。"白居易也有诗云："转枕重安寝，回头一欠伸。纸窗明觉晓，布被暖知春。"从这两首诗中我们可以知道，用纸来糊窗户不仅可以达到挡风的效果，而且纸张又白又薄，透光性好。所以郭震可以不怕风儿吹灭了读书灯，白居易可以通过纸窗透过的光判断时间已是拂晓。

那么，用纸来糊窗户又是什么时候被发明出来的呢？这就要回顾人类社会的"居家史"了。早期的人类居住在山洞中，根本就没有窗户的概念，更不用说窗户纸了。有地面建筑之后，窗户才慢慢开始出现。先秦时期的汉族人民用动物皮毛来遮挡窗户。这种办法虽然在冬天能够起到保暖的作用，但到了夏天就会闷热难耐，更别提透光的功能了。随着生产力的发展，秦汉时期的人们用上了纺织品，开始使用绢布遮挡窗户，除了可以在一定程度上抵御风寒，还让窗户的透气性和透光性有了显著提升。但是，绢布的缺点也很明显，一是无法阻挡沙尘和雨水的侵袭，二是受制于当时的生产力水平，高昂的生产成本让一般的百姓根本用不起，只能用简陋的竹帘来代替。

纸张虽然早在西汉时期就被发明出来，并且经由东汉的蔡伦得以改进，但真正走入寻常百姓家还是唐宋时期的事情。由于原材料来源的扩大和产地的增加，唐代时期的造纸成本显著下降，纸价也一路走低，纸的使用范围也从仅限于书写，变成了寻常的日用品，窗户纸就是在这个时候应运而生的。

不过，人们很快又发现了新的问题，如果窗户较大，风力稍大就会将糊窗户的丝绢或纸张吹破。为了解决这个问题，人们用木条将大窗分成了一个个小的窗格，再将丝绢或纸张糊在窗格上，解决了牢固的问题。后来，人们又开始在窗格的设计上下功夫，使得窗格在兼顾牢固的同时，也变得更为美观。

我们现在常常用"捅破一层窗户纸"来比喻消除很小的障碍。在影视作品中，古代的窗户纸仿佛用手轻轻一捅就会破，其实不然。尽管都是纸，但糊窗的纸和写字的纸截然不同，更像是两种质地的材料，糊窗户的纸大都由树皮纤维制成，非常结实耐用；南方还出现了用竹篾纤维制成的竹纸，质地也非常坚韧。随着造纸技术的不断改进，唐朝时还出现了用麻料与其他植物纤维混合而成的纸张，结实程度更胜单一原料制成的纸品。除了造纸工艺让纸品本身的质量显著提升，纸面的加工技术也让窗户纸变得更加结实耐用。一方面，工匠们用胶油勒住麻料细绳，如同给窗户纸加了一层筋，大大增加了它的牢固性；另一方面，工匠们还在纸张表面刷上一层桐油来增加其防水性，使得窗户纸即便在风雨天也不会因为被浸湿而轻易损坏。

用纸糊窗户的方法，连同窗格的设计，都随着汉藏文化的交流从中原传到了西藏。西藏最早的建筑可以追溯到新石器时期的昌都卡若遗址，其中早期和中期的建筑是半穴居式的，直到晚期才出现地面建筑。这些建筑主要是石碉房，通常会在石土墙的立面上开辟一个狭窄的窗户，不过在最开始的时候，这些窗户同样没有任何遮挡。后来，藏族人民也开始学着在窗户上加装窗格，然后再把藏纸糊在窗户上。对于一般的传统民居而言，几根木条横竖交错形成最简单的井字窗格，然后再加上藏纸，就有了最简单的御风防寒工具；而宫殿寺庙中的窗户，窗格大都经过精心设计，非常精美，处处都能体现藏族的特色。

　　或许是因为青藏高原气候更为高寒，大风更为凛冽，上苍在造物之时赐予了高原上的人们别样的物种，使得藏纸制作的窗户纸比中原地区制作的窗户纸更为结实耐用。由狼毒草制成的藏纸由于具备瑞香科植物纤维本身的特性，韧性十足，无须经过特殊处理也能防蛀，用来充当窗户纸再合适不过。此外，在藏纸的纸面加工技术中，会有一道刷浆的工序。调制浆液时，除了通常的淀粉和乳液，藏族人民还会加入适量的牛皮胶。也正是因为有了牛皮胶的加持，原本坚韧的藏纸更加如虎添翼，成了过去数百年里为藏族人们居家抵御风寒时的有力武器。

第四章
寻根雪拉，寻藏纸之魂

　　拉萨藏纸以尼木纸最为出色，而尼木藏纸又以雪拉村最负盛名。成就雪拉藏纸的因素有很多，既有大地上盛开的狼毒花，又有崇山峻岭中淌下的冰雪水，不过最最重要的，还要数山脚村落里代代传承、精益求精、不忘初心的手艺人。正是勤劳朴实的他们，用自己的一双巧手，为上苍的馈赠注入了人类手作的灵魂与精神。

● 尼木有"三绝"，藏纸居其一 ●

　　在距离拉萨市西南一百四十七公里的地方，有一座名叫尼木的县城。这个位于雅鲁藏布江中游北岸的小县城，平均海拔四千多米，属半干旱的季风气候区，四季分明，山峦起伏，河谷纵横。这座安静的小县城不仅像西藏其他地方一样有着灵山圣水，自古以来还聚集着大批能工巧匠。文成公主进藏以后，就曾命汉藏两族的工匠在这里设立造纸作坊研制藏纸。由此研制而成的纸就称为雪拉藏纸，它与普松雕版、尼木藏香一道，并称为如今声名远播的尼木"三绝"。

　　尼木"三绝"分布在这个不大的县的三个不同的地方。其中普松乡是西藏雕版的发源地，这里每年都会雕刻成板并最终印制完成不计其数的佛经和经幡，为那些朝圣的信徒们制作寄托他们内心虔诚信仰的信物。尼木藏香的发源地则在吞巴乡，悠悠吞巴河上的木质水磨至今仍在日夜不息地运转，以纯天然无污染的流水能量，源源不断地生产着有"人神交流之信使"美誉的藏香。

尼木藏纸的生产历史非常悠久，根据现有资料的考证，早在公元7世纪40年代，即文成公主进藏的时候，这里就有了初步的造纸技术。一个民族发展到一定高度的时候，就会有文化方面的内容需要记录和推广，这时就需要传播载体的突破。相对于传统的贝壳、木料、石料，纸张作为书写材料显然更为轻便，而且也便于人与人之间相互传阅，因此整个西藏社会对纸品的需求开始迅速增加。西藏作为宗教圣地，佛经印刷自然是纸张消耗的一个重要原因。在诸多需求的刺激下，整个西藏的造纸工业渐渐变得繁荣，藏纸的名声也在这一时期，逐步向周边扩散开来。

尼木县盛产狼毒草，古时候的尼木人就将这种草作为基础原料来造纸，狼毒草本身有较大的毒性，由此生产出来的藏纸也有了另外一个名称，叫"尼木毒纸"，更有人将其比喻成"绽放在毒液上的生命"。

和其他的藏纸一样，尼木藏纸的生产也是以"张"为单位计算的，即一个人，一次只能制作一张藏纸。从采料到去皮，再到捶打、晾干，每一张纸的制作要分成若干道工序，中间任何一道工序出了问题，整张纸就只能作废，从头再来。因为工艺非常复杂，一个熟练的工匠师傅，平均下来，按从早上8点忙到晚上8点计算，一天也只能制作3～4张藏纸。现在能纯手工制作藏尼纸的工人很少了，这也进一步加剧了藏尼纸的稀缺。因此，质优而量少的藏尼纸，当之无愧地和同样珍贵的尼木藏香、普松雕刻一起，成就了享誉高原的"尼木三绝"。

不过，过去的西藏可以说处处有藏纸，拉萨生产藏纸的地方也有好几处，为什么尼木藏纸会格外出名呢？一个最重要的原因就是尼木县所处的地理位置十分便利。首先，尼木县位于前藏和后藏的交界处，在交通上能够更大范围地辐射整个西藏地区；其次，尼木县距离拉萨相对较近，自松赞干布从雅砻迁至逻些以来，拉萨就一直是西藏地区的政治和宗教中心，过去从尼木步行至拉萨大约需要一天，今天驾车也就两个半

小时的车程，在西藏来说，这算是非常方便的交通条件了。

也正是如此，文成公主进藏后才会把第一批的造纸作坊建立在这里，这样便于向吐蕃朝廷运输纸品，尼木县源远流长的造纸传统也因此而逐渐形成，许多人家世世代代以此为生，成了当地的一个传统手工业。伴随着手工造纸业的兴起，普松乡的雕版印刷术也逐步发展起来。同时，也是基于尼木县的这种地理优势，藏香制作在尼木的发展也很迅速。就这样，尼木县的人们用新制作完成的雪拉藏纸，以普松雕版印刷术将拉萨需要的经书印制出来，随着尼木藏香一同被运往了拉萨，凭天时地利人和之势，最终成就了今日的"尼木三绝"。

● 拉萨藏纸，以雪拉村为盛 ●

雅鲁藏布江的河谷中隐藏着众多美丽的村落，其中就有作为藏纸的发源地之一的尼木县雪拉村。不过，雪拉村的美丽，不是那种极尽讨好世人一般的精致，也没有群芳争艳的那种妖娆，她就静静地矗立在山峦叠翠的河谷之中，朴素淡雅到乍看之下都不足让人称奇。因为雪拉村有自己的独特故事，不入村落大门，不叩农家柴扉，不听农人话短长，或许就难以得知这小小村落里那寓惊鸿于平淡中的过往。

一千三百多年前，文成公主与松赞干布联姻，将中原的造纸术带入吐蕃，促进了当地造纸技艺的发展；而后，这门技术又传入尼泊尔，再由尼泊尔传入印度。一种文化传播与发展，总与它的需求环境息息相关。当时，松赞干布从大唐和尼泊尔迎娶的文成公主与墀尊公主都信奉佛教，需要大量的纸张来翻译和记录经文。然而当时的吐蕃没有中原造纸所用的材料，人们惯用的竹笔也对纸张质量提出了更高的要求。为此，藏汉工匠携手参与到新纸张的共同研制当中，最终以白芷叶、沉香皮等原料成功生产出了合适的纸张，并且形成了相应的藏纸制造工艺。不过，这项距今已有一千三百多年历史的工艺，跟雪拉村这座群山环绕的小村落又有什么关系呢？

　　原来，制作藏纸的原材料多种多样，而上苍赐予了雪拉村最为特殊的一种——狼毒草。狼毒草与断肠草同属一科，藏语叫"日加巴"，是一种有毒的野草。狼毒草的花朵色彩艳丽，主要生长在相对干旱的草场上。狼毒草是很多品类的藏纸中都会用到的一种基础原料，而雪拉村生产的藏纸，只用狼毒草一种材料制造，这在西藏所有的藏纸品类中都是

独一无二的。不过，制作藏纸已经有了很多安全无毒的原材料，雪拉村的人们为什么还要用狼毒草作为造纸的原材料并传承至今呢？原来，历史上的雪拉村，漫山遍野都生长着狼毒草，但其他能用于造纸的原料却不多，这在早期极大地影响了雪拉藏纸工艺的成形。另外，相比于其他原材料，狼毒草虽然有毒，对人体也会造成一定的危害，但也正因为具备这种毒性，制作出来的纸张天然就具有防虫蛀、防鼠咬等特点，完全由它制作而成的雪拉藏纸，其抗腐蚀性更是所有藏纸品类中最强的，有"千年不腐"的美誉，因而深受藏族人民的喜爱。

与众不同的雪拉藏纸能够流传至今，还有另一个重要的原因，就是藏纸工匠的坚守，毕竟狼毒草的毒性在让纸张具备防腐特性的同时，也会让造纸人的双手因为长期被毒液浸泡而瘙痒难耐，长时间地坚持造纸，本身也是对意志的一种挑战。巅峰时期的藏纸品类非常丰富，产地几乎遍布整个西藏，鼎盛时期的雪拉藏纸不仅是雪拉村的代表，更是整个尼木县最重要的手工业之一，光是专业生产藏纸的人家就多达十几户，他们为雪拉藏纸的生产提供了重要保障。

但是，由于现代工业纸品的冲击，人们对于传统藏纸的需求直线下降。而且相对于现代造纸工艺来说，手工制作传统藏纸既费工又费时，效率和成本都不占优势。因此，雪拉藏纸的产量不断下降，甚至一度到了濒临中断的地步，只剩下一户人家的一个人还在造纸。也正是因为这个人的存在，雪拉村的古老造纸技艺得以完好传承了下来。这个人叫次仁多杰，他目前已将这门手艺顺利传授给了自己的两个儿子。

过去的拉萨藏纸以雪拉为盛，今天的雪拉藏纸则因次仁而生。昔日的尼木一绝，今日只留存着星星之火，虽然让人心生惋惜，却又不免感到一丝幸运。虽然手把手教、师徒相传的力量微弱而有限，但只要坚持不懈，雪拉之韵亦有可能重焕燎原之光。

● 雪山下的藏纸大师 ●

金秋时分，雪拉村一年一度的望果节热闹开幕，骑马、赛马、射箭、表演藏戏……一连串的民俗活动相继登场，整个村子都沉浸在丰收后的喜悦之中，次仁多杰老人一家与邻里乡亲们共同享受着这样的欢乐时光。为了欢度佳节，平时着装朴素的老人和他的两个儿子都穿上了崭新的藏服，脸上的神情显得亲切而慈祥。然而，就是这样一位平凡的老人，他的肩头却担负着十分重要的历史重任。

年逾花甲的次仁多杰是西藏造纸技艺这一国家级非物质文化遗产项目的代表性传承人，他的先辈皆以造纸为生。尽管这门手艺曾在 20 世纪中后期一度中断，但到了 90 年代之后，次仁多杰还是克服了重重困难，试着将先辈流传下来的造纸技艺重新捡了起来。

格桑丹增和普琼是次仁多杰的两个儿子，老人将毕生所学都传授给了他们，这父子三人便率先挑起了藏纸技艺复兴的大梁，成了整个雪拉村乃至尼木县仅有的三名藏纸技艺传承人，造纸工场就设在自家的院落里。一年中的绝大部分时候，次仁多杰一吃完早饭就会来到这里，忙碌而有序地开展新一天的造纸工作。

作为国家级非物质文化遗产的代表性传承人，在雪拉村甚至尼木县，次仁多杰的名字几乎到了无人不知、无人不晓的地步。由于他制作的藏纸非常有名且质量过硬，价格往往不菲。西藏地区一些规模较大的寺庙，如扎什伦布寺，每个月都会向他订购四五百张藏纸。次仁多杰做的藏纸和一般的藏纸相比有什么特别之处呢？原来，他做的藏纸即便在水中浸泡了一分多钟，拧干水分打开之后，通常也难以破损，更为神奇的是，写在上面的字迹甚至依然清晰。这里有神奇原料狼毒草的功劳，但更与他数十年如一日地专精练艺密不可分。

早在十几岁时，次仁多杰就开始跟随爷爷和父亲学习制作藏纸，每天都沿着后山的小路上山挖狼毒草，这一挖就是半个世纪。长期的实践早已让次仁多杰练就了一身过硬的本领，即便是眼前的一堆枯草中只生长着一株狼毒草，他也能从中轻而易举地将其找出。

制作藏纸，主要利用的是狼毒草的草根，这是一道辛苦且费时的工序。狼毒草有一股淡淡的香味，很容易让人不自主地多闻一会儿。然而正是这股好闻的味道，里面却暗含较强的毒性，会给人的鼻腔带来不小的刺激，对于刚刚从事雪拉藏纸生产的人们来说，这是一个不小的挑战。狼毒草的草根，外皮非常坚硬，需要用小锤子来来回回不停地锤击，才能让表皮与里面的黄芯分离。即便得到了里面的芯，还要将外面的一层粗皮剔除，只有最里面的洁白韧皮才能用来造纸。在这个过程中，手上的皮肤难免与狼毒草中的有毒汁液发生接触，皮肤比较敏感的人很容易感到瘙痒难耐，反复挠抓还容易引起溃烂，这便是狼毒草给雪拉藏纸生产者摆下的第二道障碍。身经百战的次仁多杰对此早就习以为常，且因为处理草根的效率更高，狼毒草给他造成的影响也就越小。

次仁多杰家的院子里有一个小池塘。别看池塘不大，里面却是源源活水，水质清澈见底。这里的水来自六十多公里外，海拔高达7048米的琼姆岗嘎雪山。这座雪山是尼木县第一大河尼木河的发源地，据传青藏高原的十二地母守护神中，有一位便在山中镇守。因此，琼姆岗嘎雪山在尼木人民的心目中地位非常崇高，更将神山之中淌下的纯洁圣水视为上苍给予的最好馈赠。在次仁多杰看来，琼姆岗嘎雪山的融水不仅是滋养尼木人民的甘甜乳汁，更是制作藏纸纸浆的不二选择。

狼毒草根部捣烂而获得的浆汁与清澈的冰雪融水调和在一起，再经过高温熬煮，就得到了制作雪拉藏纸的纸浆。把做好的纸浆浇在纸帘上以后，再慢慢从水中拿出纸帘，静置于温暖的阳光下，晒纸的工序就自动开始了。天气的好坏直接决定晾晒的时间。如果阳光充足，三个多小时就能蒸干纸帘上方薄薄一层纸浆中的水分；如果阳光不是很好，或者气温偏低，这个时间就会更长。

等待纸浆干透的间隙，次仁多杰往往也会好好利用起来，现在的他经常趁着空闲，带着小孙子来到自家的地里，或者种植一些狼毒草，或者悉心照料。狼毒草毕竟是雪域高原脆弱地表生态系统中的一环，藏纸产量越大，采摘的野生狼毒草就越多，对高原生态环境的破坏就越严重。为此，尼木县政府推出了一项扶持狼毒草种植的计划，鼓励村民自种狼毒草并给予一定补贴。这样一来，既能在一定程度上保证造纸人获得一定数量的原材料，又能减轻发展藏纸生产给生态环境造成的破坏，可谓一举两得。

　　确认纸张晒好之后，次仁多杰便会用手指熟练地将藏纸与纸帘轻轻分开。至此，毒性剧烈的狼毒草、琼姆岗嘎山纯净的雪水、青藏高原炽烈的阳光，这三大要素经过完美的调和，造就出了一张神奇的雪拉藏纸。这时，次仁多杰往往会将整张纸举过头顶，通过光线来观察纸的厚薄程度，如果没有重大瑕疵，一张雪拉藏纸便就此宣告完成。

　　除了一般的白色藏纸，次仁多杰有时还会制作一些颜色特殊的藏纸。这些纸的价格更为昂贵，有时一米见方的纸张就要好几十元。这些特殊纸张的买主大都来自附近的寺庙，有时也有远方的高僧前来采购，而后用金粉在上面抄写班禅大师的语录。对于次仁多杰来说，能为传承藏纸文化、弘扬佛家道义贡献一份绵薄之力，此生也算是无憾而荣幸。用最虔诚的心，做世上最圣洁神奇的纸，也成了老人毕生的夙愿。

　　如今，受制于高龄的次仁多杰，早已将造纸的重任转交给了两个儿子，老人更多的是在一旁监督和提点。见到自己的儿子能够继承衣钵，制作出品质优良且为世人认可的雪拉藏纸，老人淳朴的目光中既闪现着成功授业的些许自豪，又流露出了亲历藏纸艺术顺利传承的一份安然。

第五章
取雪域草木，制高原藏纸

对于游客而言，七八月是西藏最美的季节，百木苍翠，万花盛开，高寒雪域，缤纷多彩。对于藏纸匠人而言，这时更是寻觅造纸原料的最佳时节。狼毒花、白芷叶、沉香皮……别看在百花的映衬之下，它们看似都不怎么惹眼，但千年不腐的藏纸正是借助了它们看似柔弱的身躯，才经受住了漫漫时光的考验。

● "纸寿千年" 的秘密 ●

夏天是青藏高原的雨季。雪拉村的群山里，一种开着美丽花朵的有毒植物接受着雨水的滋养，进入了一年之中生长最旺盛的时节。对于次仁多杰父子来说，这是他们上山采挖这种植物的最佳时机。作为雪拉藏纸技艺的代表性传承人，次仁多杰和儿子格桑丹增准备去采挖的植物就是这个。

雪拉藏纸产生于公元 7 世纪，距今已有一千三百多年的历史。由于它不腐不烂、不怕虫咬，寺庙里的僧人们一直用它来抄写经文。除了抄写，雪拉藏纸在尼木还有一项主要用途，那就是通过普松雕版印经。这里的人们深信，佛祖的思想必须写在虫豸和蛇鼠难以接近的圣洁纸张上，也只有用这种纸张印制的经书，才能在时间的无涯中历久弥坚。在今天的大昭寺、布达拉宫、萨迦寺等藏传佛教圣地，都存留有大量短则几百年，

长则超千年的经文古籍，尼木县普松乡的夏荣寺也保留着传说中千年不腐的古老经书。这些经典度过了漫长的光阴，穿越了千年的历史，在夹经板内完好保存至今，其中有不少到现在都还可以翻看。造就这份神奇的，就是雪拉藏纸制作技艺的精髓——狼毒草。

这种植物属于瑞香科。而瑞香科植物是中国造纸乃至世界造纸技术都普遍采用的一种原材料。一般而言，瑞香科的植物都有一定的毒性。但正因为狼毒草的"毒"才成就了雪拉藏纸的"奇"。

狼毒草别名山萝卜、焖花头、断肠草，是一种多年生的草本植物，总体像圆锥形或纺锤形，表面一般是棕色，或者是棕褐色，在整个西藏都比较常见。每年的七八月份是青藏高原的雨季，是万物生长的好时节。经过雨季滋养的狼毒草会褪去先前平凡的外衣，没有全开时是红色，全开之后变为白色。一片狼毒草中，由于每一株的生长快慢不同，也就显现出了红白间杂的景象，在以绿叶为底的背景中，十分动人。

不过，别看狼毒草鲜艳动人，整株植物都具有一定的毒性；随风摇曳的姿态无比纤柔，但其实它的根部极其强韧，且不易断裂。同时具备这两点特性，是因为狼毒草属于瑞香科植物。瑞香科植物中的大多数，韧皮纤维发达，韧性强，是制造高级纸张的良好原料，雪拉藏纸的全部原料都来自狼毒草的根系，强大的纤维力量让纸张变得不易破损。同时，瑞香科的植物往往又具有一定的毒性，可以入药，用狼毒草制成的纸，虽然经过了漂洗、蒸煮等多道加工程序，其中的很多毒性已经挥发，然而即便如此，仍旧具有不怕虫蛀鼠咬、不会轻易腐烂的特点。

可以说，正是这两方面因素叠加在一起，才成就了用雪拉藏纸抄写或印制经文"纸寿千年而不朽"的秘密。

● 白芷叶，铸佳品 ●

十月底的高原，秋意甚浓，虽未正式入冬，但早晚时分的寒气已然逼人。但为了补充合作社不太充裕的造纸原料，直贡藏纸合作社的负责人阿旺曲央挑了一个大晴天，决定带着徒弟强巴上山，尽可能多地搜罗一些适于用来造纸的材料。

直贡和尼木两地虽同处拉萨，但二者在制作配方和工艺上都截然不同。相对于青睐瑞香科草本植物的雪拉藏纸，直贡藏纸将木本植物加入了造纸的原料当中，砍伐木料也就成了造纸的第一步。这道工序完成的质量，将会直接影响后续的造纸效果。原来，和用狼毒草根造纸不一样的是，季节不同，不会给草根的质量造成显著差异，只会体现在采集的数量上。对于制作直贡藏纸要用到的木本植物而言就显然不同了。春天的树皮含水量高，便于剥去表层的青皮，比较适合用来造纸。冬天的树皮因为含水量少，而且很多纸条容易因为干枯而变得空心，无法用来造纸；能使用的部分当中，很多枝条的表皮因为缺水而变得又厚又硬，既难煮透，又难剥离，会让后续的步骤变得更加费时费力。

用树皮制作藏纸好像没有那么方便，而且不同季节的材料品质还不一样，既然如此，直贡藏纸为什么还要坚持用它呢？这里面有历史方面的原因。过去西藏的交通非常不便，不同地区之间的物资运送比较麻烦，因此各地选用什么材料造纸，主要取决于各自的自然条件。直贡地区的木本植物较多，用它能够制作出比较坚韧的藏纸，因而直贡一代的人们就将其作为主料。其他地区也是一样，比如雪拉藏纸主要就用单一的狼毒草制成，塔秀藏纸则采用狼毒草与树皮两种材质的材料，而金东藏纸则主要采用单一种类的树皮制作而成。

不过，以树皮为基料的直贡藏纸虽然坚韧，但木质纤维毕竟比草本纤维要粗糙，制出来的纸也就不会太柔软。为了解决这一问题，直贡地区的人们便开始研究往造纸原料中加入其他成分进行调和，白芷就是其中之一。白芷是一种伞形科的多年生高大草本植物，可以高达2米多，根部呈圆柱形，茎部直径可达5厘米，外表皮为黄褐色或褐色，既喜欢温暖湿润的气候，又能承受一定程度的寒冷，在西藏的分布也比较广泛。由于体形较大，作为草本植物的白芷仍有足够的部分可用于造纸。造纸时，主要采用的是白芷的茎和叶，这本身就比木本植物的树皮和草本植物的根部要细腻得多，能够显著提升纸张的柔韧性。

按史料记载，白芷叶还是一种制作藏纸的好材料，这一点在拉萨市城关区彩泉民族手工业研究中心编写的《藏纸生产工艺的抢救与发展过程》一书中就有确切说明："白芷叶是造纸的最佳材料，这种材料主要生长在森林、柏树丛中、峡谷、无岩石之地为最佳。生长在沙地、红土地片岩石等地的较坚硬难以煮熟，且色泛黄，此材料为中等品。而皮厚虫蛀者为次品。"加了白芷叶的直贡藏纸，在旧西藏时期也专供噶厦地方政府使用，历来就对质量有很高要求，1937年印制的一百两套色藏纸币也使用了同样的制作工艺，至今仍旧保存完好。

● 一张写经纸，三分沉香皮 ●

唐朝时期，曾任广州司马的刘恂在《岭表录异》中就写道："广管罗州多栈香树，身似柜柳，其花白而繁，其叶如橘。皮堪作纸，名香皮纸。"曾供职于岭南一代的唐朝官员段公路在《北户录》中也说道："香皮纸，罗州多笺香树，身如柜柳，皮堪捣纸，土人号为香皮纸。"

这两位官员所提及的"香皮"就是沉香树的皮。沉香树是瑞香科的一种高达十几米的乔木，它的树皮在中原地区很早就用在了造纸材料当中。沉香树的树皮呈暗灰色，十分平滑；树皮的纤维坚韧，内里色白细致。和藏纸防腐的原料狼毒草一样，沉香树也属于瑞香科植物。

前面提到过，许多瑞香科的植物都是造纸的优质材料，沉香树也不例外。20世纪初，英国探险家斯坦因曾在新疆和田发掘出了藏文佛经的残卷。当时，这些经卷的用纸呈黄色，初步推断写成于公元8世纪末。1901年，经过奥地利植物学家威斯纳化验，这些经卷被认定是由瑞香科的植物制作而成，而且推定可能是白瑞香一类的野生植物。这也说明，早在唐代，我国的造纸工匠们已开始用沉香之类的瑞香科植物造纸。

用沉香皮造纸，主要利用的也是它的纤维成分。不过，和大多数木本植物原料一样，要想获得沉香皮中的纤维，也要经历浸泡、捶打等工序，还要去掉树皮当中的果胶成分，才能最终剥离最外层那坚硬却无法使用的表皮。不过，尽管用沉香皮造纸比用一般的树皮更费时、费事，但它也具有独特的优势。沉香树的皮质不仅更加坚韧、细密，不易断裂而且更为洁白，这对于制作纸张而言是十分有利的。正是由于这一特性，用沉香皮制成的藏纸常常用作抄写经书的厚纸。

　　不过，沉香树的生长周期很长，不论在中原还是西藏，它都是一种比较稀缺的木材，现在，一克沉香的价格从一千到上万美金不等，价格极为昂贵，用来造纸显然不太合适，相比之下，人们更愿意将沉香制成名贵的香料。即使是在古代，也只能说是"一张写经纸，三分沉香皮"，特别名贵的经卷用纸当中，沉香皮的含量也是微乎其微。金东藏纸是西藏历史上非常名贵的藏纸之一，它的配方中就添加了沉香皮。不过，基于现实的考虑，现在生产的金东藏纸也不再使用沉香皮，而是改用与沉香树同属瑞香科的另一种植物——绢毛瑞香。

　　一度作为生产高端经卷用纸不二之选的沉香皮，早已在时光之轮的滚动下，尘封在了西藏文化和历史发展的车辙之中。

第六章
胜似艺术的工艺

　　一千多年前，一股由文成公主带来的生产技艺春风吹上高原，为整个藏族文明的后续发展带来了勃勃生机。十几个世纪之后，这段历史仍如精神图腾一般，激励着勤劳智慧的藏族人民将其中众多古老而优秀的手艺传承下去，藏纸工艺便是其一。如今，藏纸制成的工艺品正悄悄地吸引着世人的目光，越来越多的人也开始对这门工艺表露出了好奇。养在深闺人未识的古朴藏纸工艺，背后还有哪些不为人知的独特呢？

● 浇出来的藏纸 ●

　　1957 年 5 月 8 日，当时西安城内的灞桥砖瓦厂在一次取土时，意外发现了一座古墓并出土了大量文物，其中的一枚青铜镜上还垫衬着几层古纸。当时的考古工作者们细心地将这些黏附在铜镜上的暗黄纸片剔下，并带回研究室中做例行化验。然而让所有人没想到的是，这次偶然的发现，将我国古代四大发明之一的造纸术，至少往前推了一两个世纪，这在世界文化史上都具有极其重要的意义。为了加以纪念，专家们便将考古发现的这一批古纸定名为"灞桥纸"。

　　经过详细的化验分析，考古工作者们初步辨明了制作灞桥纸的原料，其中最主要的成分是大麻，另外还掺有少量的苎麻。不过在显微镜下，这些原料所带有的纤维与成分发生了很多变化，比如原本完好的植物纤维变得又短又细，存在于原料中的果胶、木素等影响造纸效果的杂质基本都被剔除干净，这都说明在造纸的过程中，明显存在切断、蒸煮、舂捣等环节。虽然最终制作出来的纸张总体显得比较粗糙，但已经足以说明当时的人们掌握了以植物纤维为原料来造纸的技术。

在我国，传统手工造纸有两个不同的技术体系，平时常见的宣纸就是用"抄纸法"做成的，这也是一种应用广泛的造纸法。另一种造纸法叫"浇纸法"，它的历史更为悠久，"灞桥纸"就是由浇纸法做成的，青藏高原上的各类藏纸也是浇纸法做成的，二者还存在不少相通之处。藏纸制作工艺几乎完好地保留了浇纸法的整套方法，并且是现在为数不多的几种仍在实际生产的代表，因此称藏纸制作技艺为造纸术的一块"活化石"，可谓当之无愧。

以拉萨最为有名的雪拉藏纸为例，从处理狼毒草根到最终完成，一共有十来道工序。制作雪拉藏纸一定要用到大量的狼毒草根，但至于是当年新采的，还是往年留存的，这些都不重要。因为所有初步择好的草根都要投入水中熬煮，所以草根是否新鲜并不影响纸的最终品质。不过，由于狼毒草根的毒性较强，为了避免熬煮过程中，随蒸汽挥发出来的毒性给人造成伤害，熬煮的步骤通常都会在露天通风的环境中进行。

草根煮熟之后，人们就会使用钝器将其捣烂成糊状。这一步看起来简单，但真正落实起来却并不容易。这要求操作者力道均匀，并且要兼顾容器中的所有草根。草根被充分捣烂成为糊状后，就可以往里面加水搅拌了，经过充分混合后，就得到了用于造纸的纸浆。

接着，煮好的纸浆要浇到方形的纸帘上，这也是"浇纸法"得名的由来。等浇好的纸浆均匀地铺满纸帘后，就可以放到太阳下晾晒了。一般经过 3 个小时，纸浆中的水分就会完全蒸发，这时就到了类似于脱模的取纸环节。

取纸帘时，先要轻轻地揭开一个小角，再将手放在纸帘与纸张中间轻轻地来回活动使两者分离。此时手上的力度一定要适中，太轻会让纸张粘在纸帘上,分不开;太重又容易损坏纸张。小心取下纸张后,还要在阳光下观察纸张的厚薄程度,厚薄做到相对均匀才算是制作成功。

由于藏纸的纸面比较粗糙,为了便于书写,最后往往还要增加一道打磨的工序。不少藏纸匠人都更愿意使用外壳圆润光滑,质地比较坚硬的海螺来完成这个步骤。经过这一步处理,藏纸表面凸起的细微纤维可以被打磨平整,使得藏纸在外观上变得更加光滑。

如藏纸制作一样,任何一种工艺的出现与发展,都与其所在地区的经济文化发展需求有着密切的关系。尽管随着时间的推移,20世纪中期以前,西藏地区对纸张的需求增长迅速,但相对于同一时期的其他地区来说,实际的使用量并不是特别大,使用生产效率相对较低、成本相对较小的浇纸法也能大体满足需求。因此,藏纸工艺能够一直较为坚挺地走到现在。另外,藏纸凭借着自己的特性,成功抵御了气候与岁月的侵蚀,让珍贵的高原文化遗产保存至今,这便是藏纸最可圈可点的价值所在。

● 一款藏纸，一套工艺 ●

在西藏，藏纸是人工与一方风物相调和的结果。不同的原料自然造就了不同的配方，虽然总体的制作思路大体相通，但落实到具体的操作工艺，也可谓是"和而不同"，甚至可以说是"一款藏纸，一套工艺"。

尼木雪拉藏纸作为拉萨传统藏纸工艺的代表，从处理狼毒草的根部到最终出售，一共需要完成十二道工序。

1. 采料

过去，制作尼木藏纸的匠人们需要亲自上山采挖狼毒草，最佳的采挖时间是每年藏历的七月至九月。现在，专门有人负责采挖狼毒草，匠人们只需付钱从采挖人手里收购即可。

2. 泡洗

采挖回来的狼毒草，首先必须用水泡洗，直到去除了沙土和杂质之后，才能开始下一步的工序。

3. 捣碎

用狼毒草制作藏纸，主要是取用它的根茎，而狼毒草的根茎质地非常坚硬，必须借助强大的外力才能将其捣碎。过去的尼木人多将洗净的狼毒草根系放在一块石盘上，然后用铁锤将其一根根砸碎，今天的工匠们依旧沿用这种方法。

4. 去皮

狼毒草的根茎被捣碎之后，借助刀子就能将坚硬的外皮剥离了，留下洁净的韧皮内芯备用。

5. 撕料

狼毒草的内芯虽然相对柔软，但质地仍旧非常坚韧，纤维纹路比较明显。这时，匠人们要顺着纤维的方向，用手将根茎内部的芯撕成细丝。

6. 煮料

待原料处理完毕之后，就要投入沸水当中煮开。至于煮多长时间，用多大的火，什么时候出锅，全凭匠人们的经验来把握。这是整个制作工序中最为关键的一步，也是最容易出问题的一步。

7. 捶打

煮好的纸料会从锅中捞出，平铺在石盘上。经过无数次的实践，造纸的匠人们发现，圆饼形的石头是捶打纸料的最佳工具。最终，这堆纸料要被打成一块薄饼的形状，然后便可进入下一道工序。

8. 打浆

普通的纸是用纸浆制成的，尼木藏纸也不例外。捶打好的纸料会被倒入一个容器之中，然后匠人们会用一种特殊的木器来打浆。这种木器一头带着叶轮，向下冲压的时候，叶轮会转动起来，产生的动力能将容器中的纤维捣成浆。藏语中管这种工具叫"甲处"。

9. 浇造

打好的纸浆此时会被一瓢一瓢地浇入成形的纸帘当中，由于前面的小节中已经详细地介绍过了浇造的工艺，这里便不再赘述。

10. 晾干

带浇造工作全部完成之后，纸帘就会被挪到宽敞的平地晾晒。整个西藏的日照时间非常充足，可以说为藏纸的晾干工序提供了得天独厚的有利条件。不过，纸在晾晒的过程中，人们也不能歇着，还得观察纸浆的凝固程度，时机一到就得上下翻面。翻早了，纸浆没有完全凝固，纸的韧度不够，就很容易破裂；翻晚了，没有凝固的那部分纸浆就容易向四周流开，纸张的厚薄程度就会不均匀。

11. 揭纸

当纸帘晾晒达到九成干的时候，就可以从一个角开始，慢慢地将纸从纸帘上揭下来。揭的时候，手背要朝着纸，手心要朝着纸帘，用手慢慢地插入，将纸一点点地揭开。

12. 砑光

砑光是制造藏纸的最后一道工序。所谓砑光，就是用表面光洁的东西，在纸的表面碾压、打磨，让纸的外观看上去紧密、光亮。用来砑光的工具，有的非常常见，如牛角、瓷碗；有些工具则非常珍贵，比如玛瑙、宝珠。使用什么样的工具，全凭纸张最终的用途。

除了尼木雪拉藏纸，直贡藏纸的名气也非常大，并且独具特色，以前主要用于经书的印刷和地方政府各类文书的书写，在西藏诸多品类的藏纸中占有很高的地位。直贡藏纸主要使用树皮来制作，虽然也涉及浸泡、去皮等工序，但去掉树皮的表层，显然就要比去掉狼毒草根的表皮要难得多。制作直贡藏纸所使用的树皮在使用时，不仅要除去外层的黑表皮，还要去除残留在树皮上的四层青皮。

剥完皮的树皮要投入水中煮透，在这个过程中可以根据需要，添加木炭灰或土碱等化学助剂。煮好之后的皮料要放在平面的石板上敲打，一边敲打一边拣出污物和杂质，这个过程称作鞭皮。经过鞭皮、打浆的过程之后，再将打好的纸浆浇入纸帘中，完成晾干、揭纸等工艺后，一张直贡藏纸便做好了。

走出拉萨，西藏其他地方的藏纸制作工艺也是如此。产自林芝朗县的金东藏纸是西藏目前保留下来的藏纸品类中，制作流程最完整且最繁复的一种。大的环节主要有备料、制浆、浇造、烘焙等四个。具体细分下来，则蕴含采伐、剥皮、去皮、撕皮、扎辫、煮料、洗皮、鞭皮、捣料、拣皮、蒸料、打浆、浇造、晾晒、揭纸等16个工序。值得注意的是，与其他藏纸产地靠近寺院、政府等藏纸消费地不同，金东藏纸的生产点要求符合造纸要求的洁净水源。虽然大多数的藏纸产地都有河水流经，但金东藏纸对于水的品质要求更高。另外，金东藏纸的造纸时间基本控制在每年藏历3月到10月之间，如果气温太低，晾晒的温度不够，造出来的纸张会泛青，最终成纸的效果就会受到影响。

经过千年岁月的洗礼，雪拉藏纸、直贡藏纸、金东藏纸，以及散布在青藏高原的其他藏纸制作技艺，这些大同小异的造纸技术不仅丰富了整个藏纸工艺的家族，保留了中华造纸技艺的灵魂，还让高原文明在过去的千年发展中绽放异彩，与此同时，还将作为中华文化的重要组成部分，永远留驻在世界历史当中。

● 《藏纸诗》的礼赞 ●

清朝乾隆年间，时任四川布政使的查礼不仅是清朝的大臣，也是一位精通书画的藏书家，对书画用纸和各种书籍纸张也颇有些研究。在西藏参观了造纸作坊以后，他对藏纸大为赞赏，随即写下一首《藏纸诗》，至今都被传为佳话。

蜀纸逊豫章，工拙美足尚；结胎多糟霉，嘲诮实非谤。既失蔡侯传，更乏泾县匠；锦城学书人，握笔每惆怅。孰意黄教方，特生新奇样；白捣柘皮浆，帘漾金精浪。取材径丈长，约宽二尺放。质坚宛茧练，色白施浏亮。涩喜受腌麇，明勿染尘障。题句意固适，作画兴当畅。裁之可弥窗，缀之堪为帐。何异高丽楮，洋笺亦复让。国家盛声华，夷夏荡荡。佛国技艺能，无远不筹创。东土应夸观，颂美乌斯藏。

整首诗中，查礼对藏纸的赞美绵绵不绝，但在此之前，先以"蜀纸逊豫章"开头，感慨巴蜀之地生产的竹纸比不上江西的皮纸，然后列举了诸多缺点，并且强调这不是胡言之辞，随后进一步指出"既失蔡侯传，更乏泾县匠"，意思是巴蜀的纸没学到蔡侯纸的真传，也没有安徽泾县那样的纸匠，所以蜀地的读书人每每握笔都很惆怅。

随后笔锋一转，以"孰意黄教方，特出新奇样"一句引出了藏纸，开始介绍这种特殊纸张的与众不同之处。比如，把柘树皮放到容器中捣成浆汁，然后再把纸浆浇到纸帘上；造纸选用的材料非常高大，质地如同练出来的茧一般坚韧，色泽却洁白发亮；不太光滑的纸面便于施墨，题诗作画都再合适不过；适当裁剪可以糊纸窗，首尾粘连可以做纸帐，等等。最后得出总结——有这般特性的神奇藏纸，别说高丽的楮皮纸，就是欧洲的洋笺纸也稍逊一筹。

纵览全诗，查礼运用了大量的比喻、对比，看似将藏纸夸到了天上，但从本书前面所说的内容中我们也不难发现，诗中描绘的内容中，不管是捣汁浇纸的工序，还是对高大木材的选择，或者是藏纸厚重、坚韧发亮、适于书画、能够糊窗等等特点与用途，都基本属实。由此可见，查礼在《藏纸诗》中的描摹与比较，均非谬赞。

从另一个方面来看，查礼的诗写得好是一方面，而藏纸本身经得起检验与推敲，也是很重要的前提。没有这般独树一帜的技艺与品质，自然承受不住世人的关注与赞美。

第七章
手艺人的"守艺梦"

　　一门手艺的发展，离不开最初的一小群发明创造者、中间的一大群人沿袭继承者、不计其数的创新者、默默无闻的记录者，以及势微阶段的少数坚守者。藏纸穿越了一千三百多年，正在历史的低谷徘徊。时至今日，这些坚强的少数人不忘初心，义无反顾地扛起了守护传统遗产的大旗。这一章，我们将走近为数不多的藏纸手艺人，去感受每一个"守艺梦"背后的光阴与匠心。

● "人走艺亡"的喟叹 ●

　　纵览历史，一个朝代一旦达到鼎盛，且再没有新的力量助推其前进，再往后的时光，便都是漫漫衰落史。同理，一门技艺的发展一旦没有和上社会需求与时代发展的节拍，它也将逐步走向边缘，甚至直接退出历史的舞台。历时千年，走过全盛时期的藏纸，便在 20 世纪中后期陡然走上了这样一段接近断崖式的下坡路，"人走艺亡"的景象，引发了无数藏纸手艺人的喟叹。

　　历史上的西藏，从拉萨到阿里，从达布到日喀则，到处都盛产藏纸，执掌政权的布告文件、各大寺庙佛院的经文用纸，甚至居家百姓的一些日常需求，使用的都是藏纸。但步入 20 世纪之后，由于社会需求的锐减，这些地区的传统藏纸生产基本已经绝迹，一直没有中断生产的仅有尼木县的雪拉村一地。即便是在雪拉村，也一度出现了只有次仁多杰一人坚守传统藏纸工艺的情况。一种民族的传统技艺命悬一人之身，情况不可谓不危急。

从全区依赖的极盛，到几近失传的衰落，藏纸在过去的一个世纪里到底经历了什么，才会最终走到今天的这番地步呢？要弄清这个问题，首先还是要回到藏纸艺术的诞生上来。

吐蕃时期，西藏从中原吸取了当时较为先进的造纸技术，根据西藏特有的原材料，同时结合本地特点做了一番改进，从而形成了独具特色的造纸技术。这种造纸技术所形成的造纸业属于农业社会的手工业，是符合当时的生产力发展水平的，也适应并促进了西藏社会的发展。不过，特殊的自然地理条件让西藏地区形成了"围城"效应，再加上长期受到落后的封建农奴制影响，外界的先进技术难以对雪域高原上的社会环境产生实质性影响，整个西藏都在按照自己的节奏缓缓前行。直到西藏解放，传统的手工造纸技术也没有得到显著发展。

1907 年或许是传统藏纸工艺最近距离感受到现代工业文明脉搏的一年。当年，西藏查办大臣张荫棠曾提出了"草根树叶、烂布废物，皆可造纸，宜购机器学制"的建议。其后，川边大臣赵尔丰也开始利用当地出产较多的构树皮、竹子等林业资源，在西藏东南部大力发展手工造纸业。但没过几年时间，清王朝便走向了覆灭，十三世达赖喇嘛土登嘉措既未实现张荫棠的设想，也未继承赵尔丰在川边已经开创的造纸事业，西藏传统的纯手工造纸技术，就这样完好地继承了下来。

西藏和平解放之后，一直到 20 世纪 50 年代末期，短短几年时间里，封建农奴制度瓦解的同时，也打破了西藏过去千年来与之适应的经济制度，以藏纸为代表的一批传统技艺失去了赖以生存的土壤，纷纷开始走向衰落。青藏、川藏公路的相继通车让高原的交通物流条件有了极大改善，大量物美价廉的产品源源不断地涌入西藏，迅速赢得了藏族人民的好感，轻白柔软的内地纸很快就取代了传统的藏纸。与此同时，出于经济和环境上的考虑，解放之后的西藏一直没有发展现代造纸工业，西藏社会中涌现出的对于现代纸张的需求，基本都依赖四川的输入而满足，就连书刊的印刷也大都在四川进行。至此，千年构筑的市场结构几乎瞬间瓦解。

传统藏纸的市场需求快速下滑，使得利润总量迅速降低，让造藏纸成了不赚钱的行当；造藏纸的工艺环节又很多，还必须依靠纯人工的方式来进行，一个环节有疏忽，最终的质量就容易出问题，这让造藏纸成了一件很费劲的事情；此外，以雪拉藏纸为代表的配方中，还大量使用了狼毒草等有毒原料，很容易给生产者本身造成伤害，这也让不少人对制作藏纸心生抵触。不赚钱、费时又费事、对身体有害……诸多不利的因素叠加在一起，藏纸制作业走向衰落在情理之中。

1988 年，得知由于西藏档案馆、扎什伦布寺等对尼木雪拉藏纸有特殊需要，一度放弃了藏纸制作的次仁多杰毅然回到家中，重新继承起家业，开始细心钻研藏纸的制作。"现在别处村民都不愿意生产了！年纪大的人认为狼毒草伤身，年轻人也因造纸辛苦、报酬低，不愿意投入……我从 14 岁就和父亲学造藏纸，只是可惜了祖宗留下来的手艺啊！"

面对无奈的现实，凭着一腔守艺情怀，次仁多杰一人扛起了民族文化传承的大旗。然而"神龟虽寿，犹有竟时"，仅凭一人之力，给藏纸文化传承带来的影响终究杯水车薪，逐渐增大的年纪也让他对藏纸传承一事感到心有余而力不足。次仁多杰能做的，除了一头扎进藏纸生产中，就是让两个儿子继承自己的手艺，做着力所能及的努力。

好在，最艰难的时光已经过去，在次仁多杰一家的努力下，藏纸的发展熬过了自然选择的时代，来到了重视文化保护传承的今天。如今，从政府到民间，诸多力量都介入了藏纸的保护当中，藏纸也实现了从普通消耗品到旅游纪念品的身份转变。随着新鲜血液源源不断地注入，藏纸行业的发展也开始微露曙光。

那么，藏纸最终能重新迎来光明的未来吗？次仁多杰也很想知道这个问题的答案。在他看来，问心无愧地坚守，身体力行地实践，就是他能为此所做的唯一解答。

●昙花一现的"达雪"●

2019 年 7 月 1 日，《上海市生活垃圾管理条例》正式实施，市民日常生活中产生的垃圾，要按照"可回收物""有害垃圾""湿垃圾""干垃圾"的分类标准，分别投放到指定的垃圾桶中，上海也因此成了我国第一个正式实施垃圾分类的试点城市。

上海推行的分类标准中，"可回收物"主要是指回收废纸、塑料、玻璃、金属、布料这五大类经过综合处理之后，仍有较高使用价值的垃圾，达到变废为宝、减少污染、节约资源等目的。这一标准也是循环经济思想中，"再循环"原则的体现，即要求产品在完成使用功能后能重新变成可以利用的资源，同时也要求生产过程中所产生的边角料、中间物料和其他一些物料也能返回到生产过程中或是另外加以利用。以废纸为原料，经过分选、净化、打浆、抄造等十几道工序生产出来的"再生纸"便是循环经济下的典型产物。

早在 20 世纪 60 年代，循环经济的思想便已在美国萌芽；到了 90 年代中期，"循环经济"这一术语开始在中国出现。但是很少有人知道的是，在 20 世纪中期之前，拉萨城内有一种名为"达雪"的再生藏纸，它的生产过程，其实就与循环经济的思想有着异曲同工之妙。

进入 20 世纪之后，受众多因素的影响，藏纸的原材料供应开始变得紧张。比如，沉香皮这种制作藏纸的优质材料，由于原材料价格快速上涨，已经不再适和用来造纸；曾经广泛生长于西藏各地的狼毒草，由于生长周期较长，再加上连年过度采掘，供求状况也变得非常紧张；在

解放前生产条件落后的情况下，西藏某些地区的人们甚至需要将造纸原料作为一种赋税上交给当时的地方政府……

与此同时，日常生产生活中所形成的废纸量却始终居高不下。例如，在当时的西藏，藏纸主要用于给各大印经院印制佛经。印刷的过程中有一个裁剪纸张的工序。一般来说，这些佛经都印在长条形的藏纸上，这就需要将整张的藏纸进行裁剪。由于从藏纸制作到佛经印刷，这些环节都由纯手工制作完成，裁剪时难免出现误差，由此形成的边角余料就是制作"达雪"的主要原料之一。另外，由于印刷佛经采用的是雕版印刷术而不是活字印刷术，一旦印错，整张藏纸也就报废了。这些废纸也成了制作"达雪"的原料。

一方面是造纸的原材料逐年紧张，一方面是大量废纸源源不断地产出。为了在这两种局面中求得平衡，西藏人民想出了将用过的废纸回收再利用，以旧纸造新纸的好方法，由此造出来的藏纸就是"达雪"。

掌握"达雪"技术的老人名叫曲穷卓玛，住在拉萨市城关区的丹林杰社区里。卓玛老人原籍尼木，背井离乡来到拉萨后，便以制作藏纸为生，西藏和平解放以后就加入了拉萨市城关区藏纸制造合作社，熟练地掌握着这门鲜为人知的特殊技艺。

制作达雪藏纸之前，老人会和其他工人一起，先去各处廉价回收一些故纸，然后将它们捣碎成为备用纸料。捣碎的工具还是老人从尼木带来的。这是一种特制的石质齿形工具，分为上下两个部分：上部是一个用于打击的拳头大小的石头，下部是一个承托纸料的台面。其中，这个台面可以替换，如果要处理的废纸量多，就可以选用大的台面，反之就用小台面。经过反复捶打、捣碎，浸泡好的废纸就会变成细腻均匀的纸料。尽管不同印经院使用的藏纸来源可能不同，有些是金东纸，有些是尼木纸，还有些是不丹纸，但这并不会产生太大的影响，因此在捣碎之前无须分拣。

这道工序完成以后，就需要将印有油墨的废纸料进行清洗，洗干净

后再蒸煮。蒸煮是制作这种藏纸的关键程序，必须煮透、煮烂，为此有时还可能会视情况加入一些碱性的化学助剂。对于"达雪"，最重要的就是上述处理废纸料的程序。完成废料处理之后，制造达雪的工序就与普通藏纸的制作技艺相差无几了。

不过，"达雪"在西藏存在的时间并不长，到了20世纪60年代，由于现代造纸业的冲击，藏纸的产量显著下降，而这也就直接导致了废纸料的减少。失去了原材料的支撑，"达雪"这种特殊的藏纸工艺，最终也就湮灭在了历史的长河之中。

● 行三千里路，取藏纸真经 ●

有句俗话叫"三十不学艺，四十不改行"，大意是说人到了中年，与其费尽心力学习新技能，不如将已经学会的本事进一步专精。不过在拉萨，有个叫强巴遵珠的人不这么看。

20世纪80年代，年过三十的他已经是西藏著名的"工艺美术大师"，其中以制靴技艺最为精湛，人称"鞋王"，当时拉萨旅游市场上销售的藏靴纪念品中，出自强巴遵珠之手的超过了一半，是这个行业当之无愧的"龙头老大"。不过，强巴遵珠并没有因此而满足，因为他的心目中还有一个梦想没有实现——学习藏纸这门传统技艺。

其实早在文成公主将唐朝先进的造纸技术带上高原之前，藏族人民就掌握了一定的造纸技艺。雍仲苯教创始人东巴辛绕在苯教经典《金光珍宝》中就写下了这样的文字。

蓝褐玉纸泛青光，夺目金粉做书写，虔诚供养念诵之，
邪魔晦气皆降服，三世转法觉悟者，愚障皆散聚成佛。

蓝褐玉纸泛碧光，炫目白银做书写，虔诚供养念诵之，

邪魔晦气皆降服，三世转法觉悟者，愚障皆散聚成佛。

采纸珊瑚泛红光，青色玛瑙做书写，虔诚供养念诵之，

邪魔晦气皆降服，三世转法觉悟者，愚障皆散聚成佛。

蓝褐玉纸泛蓝光，海贝黄铜做书写，虔诚供养念诵之，

邪魔晦气皆降服，三世转法觉悟者，愚障皆散聚成佛。

海螺结纸泛白光，六珍草药做书写，虔诚供养念诵之，

邪魔晦气皆降服，三世转法觉悟者，愚障皆散聚成佛。

由这些信息可知，早在公元纪元之前的东巴辛绕时代，藏纸就已经存在了，且种类繁多。既然如此，学习藏纸应当从哪里开始呢？带着这一疑问，强巴遵珠开始埋头研究起来。历经了一番碰壁之后，强巴遵珠决定遍访名师，博采众家之长，深入而系统地学习传统的藏纸工艺。

1990年，刚过不惑之年的他带着一帮人踏上了游学的征途。其间，他们不仅走访了区内的拉萨尼木、林芝朗县、昌都芒康，区外的四川甘孜等

国内传统藏纸基地的民间造纸高手，甚至还走出国门来到了尼泊尔，充分吸收各地优秀的藏纸制作工艺。

尼泊尔生产的藏纸十分出名，著名作家毕淑敏曾在作品中专门描写过它："在加德满都的街上走，忽然看到了它，一盏纸糊的灯，透着朦胧的微光，晃动着若隐若现的花瓣和叶子，如同一弯薄雾下的水，扶着飘落的春，纸灯笼的衔接处及下边的装饰处，均采用了天然的麻线和木珠，做成了断续的装饰，仿佛从远古一直亮到了萧索的今天。"

此外，在本土生产的藏纸迅速消减，内地现代工业纸迅速涌入西藏的同期，著名的尼泊尔纸也很快地填补了市场空白，像笔记本、相簿、日历、信封、信纸、灯笼、卡片、明信片、礼袋、包装纸……这些由尼泊尔纸制成的藏纸手工艺品在拉萨八廓街的商店里很常见，甚至一度达到了垄断的地步。为什么尼泊尔纸能够在西藏的市场上畅销呢？

原来，西藏本土生产的藏纸和尼泊尔纸之间还有比较深厚的渊源。我国著名国学大师季羡林先生在《中国纸和造纸法输入印度的时间和地点问题》中曾指出，历史上西藏的造纸技术曾经沿着丝绸之路向周边各国传播，与西藏接壤的尼泊尔便包含在其中。美国造纸史专家大德·亨特的《造纸：古代手工的历史和记忆》中也有许多关于藏纸的记述，认为：西藏的造纸法与不丹、尼泊尔、缅甸及泰国为同一类型，其中尼泊尔纸的制作技艺很明显受到了藏纸的影响，从以瑞香科的植物为原料到后续的浇纸技术都有借鉴。

在游学的过程中，强巴遵珠也获得了类似的信息，并且通过调查发现，尼泊尔不仅完好地保留了传统的手工藏纸技艺，还做出了自己的创新。为此，强巴遵珠一行人不畏艰辛翻越喜马拉雅山脉，来到了位于世界屋脊另一侧的尼泊尔，希望能在这里找寻到复兴西藏传统藏纸工艺的答案。

制作尼泊尔纸的原材料和工艺都跟传统藏纸十分相似，其中原料来自喜马拉雅山上的一种瑞香科植物。制作时要先把这种植物的皮捣成纤维，然后浸泡在石质的发酵槽中让其发酵。这道工序完成后，就要把原料剁得像肉馅一样软烂的浆状，之后再把软软的浆汁浇到纸帘或平整的纱布上。等晾干之后将它轻轻揭下，一张尼泊尔纸就做好了。和传统的手工藏纸一样，尼泊尔纸既柔韧又耐用，水浸不易损坏，还能防鼠啃虫咬。由于原料中含有和藏纸类似的瑞香狼毒成分，制作尼泊尔纸的工人脸上常常有些红肿，手也会出现轻微蜕皮的现象。另外，来到尼泊尔的强巴遵珠一行人不仅了解了纸张的制作工艺，还和当地从事造纸业多年的尼玛达瓦、土登等专家和工匠进行了详细而深入的探讨。

回到拉萨之后，强巴遵珠将几年来的游学经历整理成册，形成了《藏纸生产工艺的抢救与发展过程》一书，并且从自己创立的彩泉福利学校中挑选了一些文化基础较好的学生赶赴尼泊尔，接受专门的造纸技术培训，为藏纸艺术的发展源源不断地补充着新鲜的血液。

第八章
藏纸的涅槃

历史上，与内地的书写工具毛笔不同，西藏的经文、函件多用质地坚硬的竹笔书写。因此，藏族人民对纸张的要求也就有所不同——需要韧性更强、墨汁不透、字迹不糊的纸张。藏纸很好地适应了当时的需要。今天，藏族人民也用上了和内地一样的纸和笔，强大的传统需求已经不复存在。那么，历经千年的藏纸还有涅槃重生的机会吗？它又将怎样适应需求多变的今天呢？

● "非遗"的曙光 ●

2018 年 1 月 18 日晚，隆冬的寒风格外凛冽，而一场盛大表彰仪式的举办却让拉萨无数手工业者的内心格外温暖。这一天是首届"西藏工匠"命名发布表彰仪式举办的日子，五位西藏的本土传统手工艺人以及高精尖行业的代表正式被命名为"西藏工匠"，为雪拉藏纸的传承做出杰出贡献的次仁多杰便位列其中。

从造纸艺人到非遗传承人，次仁多杰经历了四十多年；从手工艺人到西藏工匠，次仁多杰坚守了半个世纪。13 岁学艺，一张张藏纸伴随他从少年到暮年的岁月。困难坎坷面前，他选择日复一日年复一年地坚守，五十载辛勤劳作，让千年藏纸文化走出西藏，走出中国，走向世界。这次命名仪式不仅让工匠精神再次走入大众视野，也让更多人了解到了这

位花甲老人五十年如一日传承民族传统文化的可贵精神。

从 2005 年开始，我国就开展了非物质文化遗产代表性项目的认定工作。出于保护本土非物质文化遗产的目的，积极挖掘具有代表性的非遗项目，西藏自治区先后五次向文化部申报国家级非物质文化遗产代表和非物质文化遗产代表性传承人。截至 2017 年，文化部分四批公布了国家级的非遗项目，西藏地区在申报非遗中成果斐然，除了藏戏、格萨尔等 2 项国际性人类非物质文化遗产代表作，还包括国家级代表性项目 89 项，国家级代表性传承人 68 名；自治区级代表性项目 323 项，自治区级代表性传承人 350 名；市地级代表性项目 487 项，市地级代表性传承人 254 名；县级代表性项目 1364 项，县级代表性传承人 425 名。其中，藏族的非物质文化遗产主要有七个大类，而藏纸制作工艺就归属在其中的第六类——传统手工艺技能当中。

藏纸的制作技艺历史久远，其最系统而详细的资料集中于公元 7 世纪中期的吐蕃时期。文成公主的到来，为西藏带来了当时较为先进的中原造纸工艺，然而由于吐蕃和中原的地理环境的巨大差异，中原的造纸技艺在西藏地区出现了"水土不服"，其中最大的困难体现在原材料的缺乏上。后来，藏汉两族的手工艺人经过多次试验，慢慢摸索，终于在高原上找到了合适的材料，制作出了经久耐用的藏纸，并且慢慢形成了独特的藏纸制作工艺。由于具有不怕虫蛀、保存时间久等特点，广为藏族人民喜爱，以布达拉宫为代表的西藏众多寺庙中，至今仍完好地保存着各种典籍，为藏族文化的传播与传承做出了巨大贡献。

自 2006 年，藏族造纸技艺入选第一批国家级非物质文化遗产代表性项目名录以来，西藏地区共发掘藏纸、藏毯等民间手工技艺品种多达104 个。和藏纸一样，这些技艺有的通过外地传入，但藏族人民也运用自己的智慧对其进行了大幅改造创新，使其能够适应西藏特有的地理文化环境，并代代相传至今，且最终成了藏族独特的非物质文化遗产，它们代表着生活在雪域高原的藏族人民与自然界进行互动的最高成就。

时代的快速发展，社会的巨大变迁，以藏纸为代表的传统技艺受到了前所未有的挑战，甚至一度陷入了濒危的境地。非物质文化遗产保护工作的及时出现，给以藏纸为代表的濒危技艺传承带来了曙光。一方面，国家开始正式介入这些宝贵文化遗产的抢救工作，整个工艺的发展由完全的"自生自灭"，转变为合理开发、科学保护；另一方面，非遗工作的开展也让不少人重新认识了相关技艺背后的文化内涵，引得不少匠人重新回归，重操旧业，其中还有不少匠人也立足本业，在传承技艺的同时，积极在为申报非遗而不断努力。

作为直贡藏纸技艺的传承人，阿旺曲央早已有申报市级非物质文化遗产的想法，而且阿旺曲央相信，不仅够格被列为市级非物质文化遗产，未来甚至还可能被列为国家级非物质文化遗产。不过，申报非遗光有娴熟的技艺和美好的愿景还不够，必须要提供充分的材料向世人说明才行。由于有关直贡藏纸的历史资料不多，相关政府机构在肯定阿旺曲央的做法的同时，也建议他能从手艺传承人的角度准备一份尽可能详尽的申遗材料，如果能整理出一套有关直贡藏纸的资料或书籍更好，这样能极大地增加申遗的成功率。然而，这对于阿旺曲央来说却并不容易。不过，他也深知这些准备工作背后，对其藏纸合作社和整个直贡藏纸发展的重要意义。为此在闲暇之时，师徒二人也经常在外走访、请教，看看能不能尽可能多地收集到关于直贡藏纸的信息，使得直贡藏纸未来申遗的材料变得更加饱满。

不过，尽管入选非遗让诸多传统工艺的保护迎来了曙光，但这终究是外部的力量，是一个转折的宝贵契机，可以帮助而不能代劳，真正的文化传承之路，还是得依靠众多手艺人，一步一个脚印地踏实走下去。培养起一批又一批不忘初心、牢记使命的"守艺人"，将以藏纸文化为代表的传统手工艺发扬光大，或许这才是藏纸涅槃的起点所在。

● 走出深闺的艺术 ●

　　坐落于雅鲁藏布江河谷的尼木县雪拉村就像养在深闺人未识的大家闺秀，这里的藏式民居精致而美丽，远处的山峰巍峨壮丽、云雾环绕，让人心生向往。通往尼木县的公路一马平川，公路两旁的景致使人身心放松、十分惬意。而那藏在深山的传统藏纸工艺则充满着传奇的色彩和神秘的气息，就像一位歌声动人的藏族姑娘，等待着人们去倾听，去欣赏。

　　由于地处青藏高原的腹地，历史上的西藏虽然不断与周边的地区进行各种文化交流，但总体来说还是相对闭塞。藏纸制作技艺"养在深闺人未识"，不仅与西藏的地理环境有关，还与西藏过去的历史分不开。

在旧西藏，造纸很长时间里都作为一种差役而存在，藏纸工匠只能在奴隶主贵族和西藏地方政府的奴役下进行生产。这是农耕文明背景下，一种依附于人身的生产方式，具有农耕文明保守闭塞的特性。从藏纸的角度来看，它是农奴们被迫工作的产物，上层没有需求，底层就没有产出，而且在这种供需关系之下，自然也就没有多少对外流通的意义。因此，受特殊自然环境和社会背景的共同影响，尽管旧西藏时期，藏纸技艺背负着藏族文化的灿烂与辉煌，但它本身的繁荣与衰败，却难以引来外部世界的目光。

　　改革开放以来，市场经济的春风也吹到了西藏地区，给雪域高原带来了翻天覆地的变化。特别是在 20 世纪 90 年代以后，西藏民族手工艺更是被赋予了全新的意义，以藏纸为代表的传统手工艺终于走出了高原的闺房，披上了商业化的彩妆。

　　在尼木县，雪拉藏纸的销量正在逐年上升，这要归功于以格桑旦增为代表的藏纸人的努力。除了传统的纸张，在闲暇时间，格桑旦增也会琢磨一些藏纸工艺品，让藏纸产品的销售变得更加多样化。比如，在藏纸合作社的展馆里就陈列着许多精致复古的灯罩，它们都是有裁剪好的藏纸制成的，上面不仅有格桑旦增亲手绘制的图案，还别有心裁地点缀上了一些精致的饰品，整个设计显得浑然一体、匠心独运。类似的产品还有很多，不腐的狼毒草加上创新的设计，基于传统藏纸工艺的手工产品极受人们的喜爱，有时赶上假期，甚至还会出现供不应求的场面。

次仁多杰的小儿子普琼在藏纸制作方面十分有天赋。从事雪拉藏纸生产的时间一长，普琼便发现，不同的客户，购买藏纸的用途也不一样，对尺寸、厚薄也都有不一样的看法。于是，普琼率先在合作社开启了"私人定制"的服务，一方面积极了解各个客户的需求，一方面给出自己的方案。时间一长，也就培养出了不少老客户，一些顾客更是慕名而来，专程上门求购。看到两个儿子为传承藏纸工艺所取得的成效，次仁多杰也非常欣慰，他也对雪拉藏纸未来的发展寄予了更大的期望。

除了手艺人自身开办的各种各样的合作社，彩泉作坊规模化、公司化的现代经营模式也为藏纸的商业化发展开拓出了一条康庄大道。如今，彩泉福利工厂能够生产出一百多种藏纸工艺品，除了传统的蓝褐纸制作工艺尚在进一步开发当中，其他各种档次的藏纸已经能够批量化生产，并且同样可以按照客户的需求，定制生产不同厚度、不同大小的各种纸张。与此同时，彩泉民族手工艺研发中心在传统藏纸工艺的基础之上，还研发出了兽皮纸、树皮纸、锦缎纸、绸缎纸等新款纸品，并用这些纸品开发出了唐卡画、笔记本、卷纸、绘画纸、包装纸等手工艺品，进一步扩大了藏纸的市场。

作为一门古老的手工艺，藏纸技艺无疑是幸运的，它没有安详地躺进博物馆的陈列柜中，而是快速追赶时代的脚步，积极拥抱现代的生活，直至今天还在发挥自己的商业价值，并且走出了一条全新的发展之路。由此可见，古老工艺的生命从来不是哪个群体或哪股力量赋予的，它和万千生命的生长原理一样——生命不息，运动不止。

● 逝去的手艺正在归来 ●

位于尼木县塔荣镇雪拉村。八九月份的高原秋高气爽，田间地头的青稞吸收了一年的日月精华，早已沉甸甸地弯下了腰。周边的围墙粉刷一新，院落整洁有致，二层藏式小楼迎着苍茫远山与蓝天白云，显得格外别致。这里便是藏纸非遗传承人次仁多杰的家。

走进院子里，首先映入眼帘的是屋里屋外精心种植的各色鲜花。院落的一角堆放着两摞树根一样的东西，远远看去像是为烧火而准备的木柴，其实它们就是传说中狼毒草的根，是改善次仁多杰一家生活的重要来源。走进小楼内部，视线所及之处，都洋溢着浓郁的传统藏族人家风范，特别是二楼房间里的橱柜上，画满了西藏传统的、寓意着象征吉祥的图案。客厅之中不仅摆满了经典的藏式家具，靠墙的柜子上摆放着一排各种各样的荣誉证书和奖杯，崭新的藏纸则整齐地码放在桌子上，它们揭示了这个家庭发生改变的答案。

作为雪拉藏纸制作技艺的代表性传承人，次仁多杰最大的心愿就是把藏纸这门祖传的民间技艺传承和发展下去。还只有七八岁大时，次仁多杰便开始耳濡目染祖父和父亲以狼毒草造纸的工艺，等到正式开始学习制作藏纸时，次仁多杰仅仅 16 岁。半个多世纪之后，年迈的次仁多杰又将祖传的手艺传给了自己的两个儿子——格桑旦增和普琼。

令次仁多杰倍感欣慰的是，两个儿子的造纸技艺不仅非常娴熟，还对传统的藏纸工艺做了不少改进与创新，不仅新制了不少藏纸本身的花色图案，还制作出了不少花样翻新的藏纸手工艺品。在造纸的同时，兄弟俩还做起了卖纸的生意，以前店后厂的方式办起了自家的藏纸合作社。父亲的影响力加上兄弟俩的勤奋好学，藏纸合作社的生意非常不错，不仅改善了自家的生活，更让一度陷入低迷的传统藏纸工艺看到了发展的希望。

在次仁多杰一家的带动下，不少藏纸合作社慢慢开始在拉萨出现，直贡地区的阿旺曲央也开办了自己的藏纸合作社，在努力恢复高品质的直贡藏纸之时，也开始培养直贡藏纸的传承人。徒弟阿旺强巴就是合作社中的一名成员，也是阿旺曲央最寄予厚望的一位徒弟。阿旺强巴之前在拉萨打工，待了一年多之后便待业在家，后来听从家中亲戚的建议，开始跟着阿旺曲央学习藏纸的制作。为了更好地传授造纸技艺，阿旺曲央让阿旺强巴参与到了每一道工序当中，也会同他讲讲跟合作社有关的一些事情。几年时间下来，阿旺强巴已经成长为了合作社的骨干力量，为直贡藏纸的发展做出了不小的贡献。

除了各家开办的藏纸合作社，为藏纸工艺的技艺传承与文化传播做出了重大贡献且成效特别显著的，还有强巴遵珠在拉萨市城关区开办的彩泉福利学校、福利工厂和民族传统手工艺研发中心。从创办至今，这所特殊的学校已经成功培养出了相关专业的大学生、民族手工业制作及研发人员近百名，绝大多数的学生都顺利走上了工作岗位，熟练掌握了一技之长的他们都能够自食其力，其中很多孩子还成了民族手工业的传承人。

在地方政府和民间各界人士的支持和努力下，传统的藏纸技艺终于得到了抢救和保存。虽然现在摆在藏纸面前的问题与困难仍有不少，但制作藏纸的工匠和手艺人近年来逐渐增多，逝去的手艺正在慢慢地归来，这就是令人欣慰的好现象。

流传千百年的藏纸技艺是藏族先民智慧的结晶，默默地记录着西藏的历史，见证了西藏文明的进程，创造出了历经千年而不朽的藏纸传奇。如果说造纸术作为中国的四大发明之一，是中国人民对于世界文明的贡献，那么藏族作为中华民族大家庭中的一员，也创造出了独具特色的藏族文化。藏纸制作技艺作为中国造纸术的一个分支，也为中华文明做出了自己独特的贡献。作为雪域高原孕育出的独特艺术，藏纸是中华民族乃至全世界的宝贵财富，保护这项技艺也就成了全社会的职责。

第九章
新藏纸，在路上

从过去的写写画画、雕版印刷，到今天形形色色的藏纸灯笼、彩色藏纸、藏纸笔记本，藏纸产品正在变得日渐多元化；与此同时，经过专业培训的藏纸工人也陆续从学校走向工厂，基于古法的藏纸也在不断推陈出新，拉萨各地的人们正在创造着不一样的生产工艺和销售模式。正所谓"前途是光明的，道路是曲折的"，向善向上的藏纸能否突破时代的枷锁，朝着未来的方向大步前行，我们不妨拭目以待。

● 彩泉学校，藏纸的希望 ●

每天清晨，当雪域高原的阳光暖暖地洒向大地的每一个角落时，强巴遵珠就会像往常一样，来到位于城关区曲米路上的拉萨彩泉福利特殊学校，查看孩子们的学习情况。

说起这所特殊学校，背后还有一个感人的小故事。1982 年时，强巴遵珠还在拉萨市城关区的一家鞋厂担任厂长，因为生产的鞋子在拉萨的旅游市场中占有率很高，也被誉为拉萨的"鞋王"。不过，获此殊荣的强巴遵珠并没有就此满足，他的内心一直有个开办学校的梦想还没实现。之后的数年时间里，强巴遵珠目睹了身边不少残疾人在日常生活中的种种艰辛，也感受到了残障儿童与孤儿在成长过程中的不易。为此，他萌生了一个想法：希望天下所有的残疾人都能拥有一技之长，能够自食其力。

1990 年时，强巴遵珠将原来的鞋厂更名为城关区残疾福利民族手工业综合厂，为残障人士力所能及地带去一些关怀。为了办起学校，强巴遵珠不仅倾尽了自己的所有，同时还动员全体职工省吃俭用，凑齐了 40 多万元现金之后，终于在 1993 年创办了拉萨彩泉福利特殊学校，这也是西藏高原第一所适应残障儿童和孤儿的特殊学校。这所特殊学校招收了不少来自西藏、四川、青海三省的孤儿、残障儿童和部分家庭特别困难的儿童。强巴遵珠对慈善事业和公益事业的热爱得到了社会各界广泛的认可。他被国家有关部门评为杰出校长，并荣获中国民办教育创新与发展贡献奖，学校也被评为全国先进民办学校。

办学 20 年之际，强巴遵珠做了一次统计。这些年来累计救助的 312 名孤残学生之中，有 33 人考入大学，有 14 人读完了高中，另有数十人凭着掌握的绘画、翻译、缝纫、导游等技能，获得了稳定可靠的生活来源。

一张张纯手工制作的藏纸需要经过选料、蒸煮、晾晒、打磨等十多道工序。因为原料中的狼毒草有轻微的毒性，所以藏纸不怕虫蛀鼠咬，也不会腐烂和变色。寺庙里的僧人用它来抄写经书，可以保存几百上千年。

强巴遵珠的人生就像一道雨后初晴的彩虹，一边托起了彩泉学校孩子们的未来，一边托起了拯救民族传统手工艺的事业。拉萨彩泉福利民族手工艺有限公司，同时也是拉萨彩泉福利特殊学校的所在地，学校的主要办学经费基本来自这家公司取得的经济效益。由于公司把大部分盈利都用在了办学上，一直没舍得扩大基础设施建设，整个公司看起来有些简陋，但背后的发展却一直蒸蒸日上，从原来一家固定资产不足 35 万元的合作社，发展成了拥有固定资产 2000 多万元的民政福利企业，公司的产品也从原来单一的鞋类拓展为民族服装旅游纪念品、藏纸、藏香、藏式绘画、唐卡和雕刻等 80 多种产品。

众多的业务线中，传统藏族造纸技艺占了很高的比重，有着悠久历史的藏纸技艺，今天依然在彩泉保持着传统的样子。经过多年的外出游学，强巴遵珠对藏纸也有了较为系统、深入的认知。在他看来，达不到以下八项要求的藏纸，就不能算是真正的好藏纸：一、外观有光泽；二、质地柔软有韧性；三、长时间存放不易腐烂；四、不易被虫蛀鼠咬；五、正常搬运不会损坏；六、书写时墨汁不渗透、字迹不模糊；七、长时间阅读对眼睛没有副作用；八、废纸可回收利用做成工艺品。

这条业务线的"前端"设在福利学校。强巴遵珠教彩泉福利学校的孩子做藏纸有两个方面的考虑，一是让孩子们掌握一门手艺，二是希望通过这门课程，从孩子中选出不错的苗子加以培养，好让传统工艺能够在他们手中延续下去。好在，有不少孩子通过系统学习，掌握了基本的藏纸制作工艺，有的还成了藏族的造纸高手，顺利继承了藏纸工艺的衣钵。这些年轻人和强巴遵珠一道，为拉萨藏纸文化的发展做出了力所能及的贡献。

除了初步的藏纸文化普及和技术培训，强巴遵珠更多的精力还是放在藏纸的技术改进与创新上。到 2017 年为止，拉萨彩泉福利民族手工业有限公司生产的彩泉牌藏纸有 100 多个品种，并且带领核心技术团队研制出了兽皮纸、树皮纸、锦缎纸等多种新型产品，产品甚至远销美国、德国、日本等地。即便取得了这些成就，但强巴遵珠并不满足，在他看来，传统藏纸的生产还有很多空间可以发掘。

蓝褐纸是藏纸中非常名贵且极为稀缺的品种，也是强巴遵珠非常称道的藏纸种类之一。"黑矾加热冷却后，除去杂质，将未出蒸汽的泽漆与硼砂混合用纱布过滤，然后加入多量的酸麦酒和少量的硼、黑矾混煮熟透后冷却，再将藏青果捣碎加水煮开后，用纱布过滤将两种液体混合，最后将纸张浸入其中，如纸张变色即为上品的蓝褐纸。"虽说强巴遵珠已经初步掌握蓝褐纸的制作技艺，但他也表示，对蓝褐纸的研究还会继续下去，而原因只有一个"要么不做，要做就做最好"。

如今，强巴遵珠已经去世，他的事业后继有人。丹增曾是强巴老人最好的徒弟，从小在彩泉长大，还曾在全国职业技能大赛上，以其藏纸设计获得了金奖。其他不少年轻人也没辜负老人的期望，精美的灯笼甚至漂亮的衣服都是藏纸制作出来的新产品。强巴老人想把厂子交给这样的年轻人，即便有一天他彻底干不动了，这些勤劳肯干的年轻人还能带着厂子做下去，让厂里的这些残疾人过上更好的生活，让拉萨宝贵的传统文化继续传承下去。

● 当古法遇上创新 ●

千年藏纸技艺走到今天，可谓是灵魂犹在，但旧貌早已换了新颜。外界信息的涌入，在给传统技艺带来不小冲击的同时，也让它们焕发了枯木逢春的盎然生机。尼木县雪拉藏纸农牧民专业合作社的花瓣纸就是创新的一大代表。

政府的扶持、自身的勤奋、媒体的报道，再加上尼木县距离拉萨较近的地缘优势，次仁多杰家的藏纸合作社近几年来生意可谓蒸蒸日上。花瓣纸就是格桑旦增和普琼兄弟俩的创新之作。这个创意看似简单，但真正做起来却格外复杂。起初，他们直接将花瓣贴在干纸上，但很快就发现效果不好，花瓣很容易脱落，而且书写起来也不方便。后来，他们又想了个法子，尝试用两张湿纸夹住鲜花瓣。

看起来这只是一个简单的步骤调整，其实是整个工序的推倒重来，原本一个人就能做好的事情，到这里变成必须二人通力配合才能完成。从自家院子里采来花瓣之后，兄弟二人将刚刚做好但又还没完全干透的藏纸连同下面的纸帘木框一起摆在地上，再把采来的草叶和花瓣一点一点小心地摆放在上面。然后，再将另一张藏纸小心翼翼地覆盖在刚才贴好花草的藏纸上。两张纸一夹，草叶和花瓣就不容易掉了，也不会影响书写。不过，新的问题也随之出现：如果纸张太厚，夹在中间的花瓣就会显示不出来；纸张太薄，的确能够让花瓣显现，但贴合的时候又很容

易破裂。因此，盖在表层的那层纸既要薄如蝉翼，又不能一触就破。这就需要重新研究造纸原料的配比。

最后，两张纸贴合的过程也颇有讲究，手法要非常迅速。做花瓣纸全程不使用任何胶水，完全依靠纸张和花瓣本身自带的黏性物质。如果太慢，薄纸上的水一旦晾干了，就粘不住花瓣了。晾干的时候也不能暴晒，必须自然阴干，只有这样才能保持花瓣的颜色，否则花瓣很可能被晒得干枯变色，影响最终的美观。

在经历了无数次的失败之后，格桑旦增和普琼兄弟俩凭着初心与耐心，终于制成了好看又耐用的花瓣纸。这款新纸一经问世就获得了游客们的赞誉。大家都惊讶于纸上这些色泽鲜艳的花瓣居然不是打印出来的效果，而是天然花瓣最本真的呈现。使用这种藏纸，不论是做包装还是写字画画，都十分好看。

无独有偶，拉萨彩泉福利社研制的兽皮纸也是可圈可点的创新之作，不仅荣获了国家专利，还赢得了国内外市场的广泛好评。

在西藏，不少寺庙当中都悬挂着各式各样的《罗刹图》。虽然罗刹的形态各异，画幅的大小有别，但有一点是共同的——它们都画在动物的皮上。从保护野生动物的角度出发，强巴遵珠的核心团队想出了用藏纸代替兽皮的点子。选用什么材料才能让纸张看起来有皮的质感？运用什么样的技艺才能让纸张具备动物皮的纹路？这些问题都没有现成的答案，为此，他们也踏上了漫漫的摸索创新之路。

功夫不负有心人，兽皮纸最终如愿以偿地研发成功，强巴遵珠用自己研发的兽皮纸做了一幅《罗刹图》，放在了公司展示柜中。每每有客户到访，强巴遵珠总不忘拿出这件得意之作向大家展示，而这些客户也有如事先沟通过一般，异口同声地认为它是用真正的兽皮制作而成的。但用手触摸过后，发现那其实是由藏纸制成时，众人又无不为高仿真的制作工艺而叹服，并且纷纷为团队保护动物的初衷而点赞。

随着越来越多的人投入古法藏纸工艺的传承与创新之中，越来越多基于古法的藏纸产品开始在市场中浮现。当古法遇上创新，总能收获意想不到的期许，相信在未来相当长的一段时间里，这种新桃换旧符的局面将成为新时代藏纸工艺的日常。

● 藏纸新生，任重道远 ●

中国是印刷术的故乡，有印刷术自然就有纸张。中国的纸也是五花八门、各有千秋，历史上最有名的要数东汉蔡伦的"蔡侯纸"了。中国北方的纸多以桑树皮制造，质地优良，色泽洁白，轻薄绵软，有拉力；南方有的地方用竹子造纸，这种竹帘纸的面上有明显的纹路，纸张薄而匀，细得不像是纸，更像是布。中原地区还有用藤树皮制作而成的藤纸，洁白如玉。西藏的大部分藏纸则用瑞香狼毒这味猛料制成，更为高档的藏纸还要加上沉香皮、灯台树皮、野茶花树皮等等原材料。

然而历史发展到今天，过去传统意义上的藏纸生产可以说已经势微。过去西藏人民日常生产生活中必不可缺的藏纸，已经被现代造纸业所生产的机制纸取代，更何况在信息技术如此发达的中国，作为信息载体的纸张，本身也被电子媒介替代了不少。今天的藏纸生产，更多的是作为文旅产业的一个部分而存在。濒危的藏纸能够保留下来，并且成功地实现身份的转变，重获新生，其中除了少数手艺人的默默坚守，还要归功于政府部门和其他社会力量的大力支持。不过，面对市场经济的残酷竞争，新生的藏纸还有很长的路要走。目前虽然有非物质文化遗产的光环笼罩，有新一代手艺人的积极传承和不懈创新，但整个藏纸产业的发展生产仍然有许多亟待解决的问题。

首先，相对于各种创新带来的生产工艺改善，藏纸现在最缺乏的就是多样化的销售手段。虽然和过去相比，藏纸的名气有了极大提升，但

因为销售环节的不足，藏纸整体的知名度仍然处于一个较低的位置。具体来看，这些因素主要体现在三个方面。

第一，藏纸的销售受到了交通等客观外在条件的制约。过去，藏纸产地的选择主要看原料和水源等生产因素，考虑距离销售市场远近的产地屈指可数，这也导致一些藏纸制作地的产能足够，却因为山川阻隔而无法远销外地，这大大限制了藏纸的产量。

第二，西藏基础设施建设的起步时间晚，相对于内地大部分区域而言，电信基础设施还不够发达，信息技术方面还存在一定差距，这就导致藏纸的销售无法有效利用现代的网络信息，难以及时获取最新的市场供需状况。

第三，藏纸还没有形成自己的拳头产品和品牌效应。在拉萨市最繁荣的八廓街商业圈，尼泊尔纸占据了大部分纸质工艺品的市场。大部分号称是藏纸制作的工艺品，其实都来自尼泊尔。结果导致许多慕名购买藏纸的游客，要么不知道去哪里购买藏纸，要么就是没有买到真正的藏纸。

除了销售，藏纸生产经营的管理问题也很值得注意。现在的藏纸生产经营单位主要分为两类，一类是以尼木藏纸为代表的藏纸合作社。这种农村合作社简单易行，基本覆盖了西藏的主要藏纸生产地。这种模式虽然在一定程度上改善了藏纸生产的低迷处境，并且让生产者本身的生活水平得到了显著提升，但其有一个最大的弊端就是生产经营相对分散，而且生产能力严重不足。以次仁多杰家为例，他们生产的藏纸尽管质量无可挑剔，但由于生产量相对固定，一旦短期内的需求快速上升，就会出现供不应求的局面。

另一类生产经营的主体，就是以彩泉福利工厂为代表的造纸企业。这种经营主体虽然相对于合作社而言要规范得多，经营规模也更大一些，在保证产品质量的同时，产能也能大体跟上市场的需求。但是，受制于资金的限制，其生产经营的规模难以进一步扩大。像彩泉福利工厂，它的大部分经营利润，都要用于彩泉福利特殊学校的建设，剩余的资金难以让工厂的固定资产得到更新。不过从长远来看，工厂资助学校是有利于工厂发展的，它节约了培训工人的成本。资金方面的困难，更多还是因为缺乏融资导致的，现代公司制的企业，一般都要先向不同的股东投资来募集大量的资金，从而迅速扩大经营规模以抢占市场先机。这种资金规模通常非常庞大，单靠次仁多杰或强巴遵珠这些以手艺见长的创始人是难以为继的。

别看眼前的问题只有销售或生产经营两个大类，其中的任何一种单独拿出来，都令藏纸的新生任重而道远。蓬勃发展的市场经济给了古老藏纸新的生命，也对新生的藏纸提出了新的课题。传承千年的藏纸不仅仅是一种文化产品，更是一种文化遗产，因而售卖藏纸不能单纯看销量一个指标，还要看它能不能更好地保护藏纸制作这门技艺，这两个方面不能本末倒置。不过，尽管前路充满艰辛，但我们也有理由相信，在政府的大力支持下，在社会各界人士的帮助下，在藏纸技艺传承人的不懈努力下，藏纸技艺经过初创阶段的摸索，最终一定能在新的时代迎来自己光明的前途。

　　自吞弥·桑布扎学成归来，将藏香技艺带到雪域高原之上，悠悠藏香已经在西藏飘扬了一千三百余年，并且在藏族人民的心目中享有非常崇高的地位，从一般的祈愿到隆重的礼佛都离不开藏香。

　　优质藏香是西藏天地精华提纯的产物，是地域风物与人工技巧的完美调和，一方水土有一方水土的做法，一个家族有一个家族的讲究，但不管怎样变化，藏族人民始终认为手工藏香才是向神明表达虔敬之心的唯一选择。

　　悠久的历史沉淀了藏香特殊的地位，现代的文明赋予了藏香多元的解读。从燃香敬神到焚香静心，再到享受康乐生活，今天的藏香正在一条传承且创新的大道上不懈探索。

第一章
在拉萨，寻味藏香

　　拉萨是西藏自治区的首府，是西藏的政治、经济、科教中心，也是整个西藏的文化中心。西藏数千年的民族文化于此交织、沉淀，让拉萨成了展现藏族多元文化的一扇窗口，藏香便是这扇窗中的美景之一。今天的拉萨，汇聚了最优秀的藏香手艺人，同时具备最好的藏香研发技术，建立了最完善的藏香保护系统。行走拉萨一城，便可品到百味藏香。

● 拉萨情，藏香韵 ●

　　拉萨坐落在西藏的中部，嵌于悠悠河谷之中，周边群山环抱，又有大河流经，虽地处海拔 3600 多米的青藏高原，却冬无严寒，夏无酷暑，终年为阳光所眷顾，可谓是高原上的一块福地。1300 多年前，建立了吐蕃政权的松赞干布一眼相中了这里，大力建寺院、修河道、造宫堡，硬是在茫茫荒原中建起了一座城池，开启了拉萨的纪元。千百年来，多样的文化、多彩的风俗在这里交织，在漫漫时光的作用下，酝酿出了独有的风韵与魅力。今天的拉萨是藏族人民心目中引以为傲的地方，也是众多世人了解藏族文明的开始。

　　就像"一千个读者，就有一千个哈姆雷特"一样，一千位游者，对于拉萨也有一千种解读：有的人说，拉萨的味道是甜的，因为城市周边洋溢着高原的草香；有的人说，拉萨的味道是鲜的，因为空气当中充满

了酥油的乳香；还有的人说，拉萨的味道是醇的，因为城市处处都弥漫着幽幽藏香……

的确如此。行走在拉萨，不论是车水马龙的现代街道，还是一眼千年的里弄窄巷；不管是在香火旺盛的寺庙，还是在恬静淡雅的藏家，只要是有人烟的地方，就能时常闻到沁人心脾的藏香。

藏香是西藏三大传统手工产品之一，在藏族人民的心目中有着极高的地位。不管是朝圣礼佛、趋吉避凶，还是单纯地祝福祈愿、净化身心，万事都可归为一炷香。很多藏族人民每天醒来的第一件事，是为神明供上七碗清水、一盏酥油灯、一根藏香。燃香，就是为神明奉上了优质的食物，寄托着美好希望的崭新一天，也将从这一刻开始。

千百年来，无数藏香手艺人用一双厚实的手和一颗虔诚的心，遵循着1000多年的传统工艺，默默地守护着这一缕香气。似有若无的烟气看似缥缈，却早已在千百年的岁月中熏陶、沉淀，变成拉萨风土无法割舍的一部分，升华为西藏文化中的重要一"味"，承载着藏族人民虔诚之心。且不说藏族人民对此情有独钟，高原之外的人们，单为一缕藏香而流连、留恋的也不在少数。

所谓一方水土养一方人，造一方物，拉萨的藏香，是雪域圣城光热水土与人文情怀调和的杰作。表敬意、去烦恼、除病晦、静人心……烟云氤氲，处处流露着藏族人民的"心安"智慧。若说人间有大美，藏香必居其一。

拉萨温暖，藏香怡人。无数世人不远万里行走拉萨，寻味藏香，或许就是想寻访岁月静好的模样。

● 一千三百年的绵长 ●

距离拉萨市区西南约 110 公里的尼木县吞巴乡，景色秀美，绿草如茵，古树参天，溪水环流，鸟鸣声此起彼伏，回荡于山林之际，被誉为"西藏最美乡村"。别看今日的吞巴乡寂静而安详，藏文的创造传播，藏纸、藏香的改良与创新，这些在藏族文明演化发展过程中，有如里程碑一般的事迹，都与这座山脚下的村落有着千丝万缕的联系。

香料点燃之后，香气伴随着袅袅青烟弥漫开来，缓慢腾空，直达上苍，且余韵久久不散。渐渐地，人们便将"香"视为人神交流的信物，也就有了点一支香，让祈愿的信息随轻烟腾空传达给神明，从而祈求神明保佑的习俗。当时，整个西藏地区全民信仰佛教，以香供佛的方式很快便普及开来。

　　快速上升的制香需求，也让越来越多的人参与到制香的工作中来，并且在漫长的岁月中逐步演化成两大流派——寺院派与民间派。不过，不管是哪个派别制作的藏香，配方都来自典籍，以生长于高山多年的柏树为主料，同时辅以藏红花、檀香、沉香等几十种珍贵香料，经细致研磨后揉搓而成，加工过程、手法也大同小异。唯一不同之处在于，寺院派制作的藏香有专门的法会加持。

　　取自大地精华，精心制作的藏香在遇火燃烧时，非但没有难闻的焦灼味，反而有一股草本的清香。待香料持续燃烧，香气不断升腾，并在空气中弥漫开来，使人心旷神怡、愉悦无比。

　　时至今日，燃香之事在藏族人的生活中，不知不觉代代传承，在雪域高原上熏陶出了藏香的文化，成了西藏传统文化的一个重要组成部分。袅袅青烟阵阵香。晨起奉一炷藏香，早已成了藏族人民的生活习惯；藏族人民的"香事"，早已变得像青稞酒、酥油茶一样寻常。

● 一种风物一种香 ●

我的目光，遥望一个遥远的地方，

我看见一片高原风光，

蓝蓝的天空像大海一样宽广，

绿绿的草原放牧着肥壮的牛羊。

我的目光，遥望雪域深处的故乡，

我看见我的卓玛姑娘，

金色的阳光是她的欢乐歌唱，

古老的村庄是我们狂野的天堂。

哦！藏香，你给我多少美好的想象！

哦！藏香，你打开了一扇天堂的小窗。

一曲唯美悠扬的《藏香》，既为世人生动描摹了雪域高原纯净美好的自然风光，末尾一句"打开了一扇天堂的小窗"，又形象地道出了"香焚金炉内，烟缭达上苍"时，藏族人民内心对美好愿景的期盼。

西藏天然是一个适合制香的地方。巨大的海拔差异，多样的地貌特征，加上大部分区域多年来人迹罕至的现实，造就了西藏绝佳的生态环境，区域内生长的野生植物不论品类还是数量都位居世界前列。众多的植物资源中，适宜制香、入药的品类占了很高的比重，这为藏香的多元化发展提供了最有力的物质基础。

在漫漫岁月中，由于不同的地区具有不同的风物，不同的人有不同的理解，秉承"信仰、天然、手工"的藏香，早已在因地、因时、因人的制宜中逐渐变得丰富而多样。时至今日，西藏各个地区，各大宗教派别，基本上都有一套属于自己的藏香。

拥有最古老的制作技艺和制作工具，由最原始的藏香配方调配而成的尼木藏香是西藏著名的藏香产地之一，如今不少品种的藏香都是在尼木藏香的基础上调整创新而来。除了尼木藏香，拉萨达孜区的甘丹寺、拉萨墨竹工卡县的直贡梯寺都有自己的藏香。每一味香都是因地制宜的结果，都有可圈可点之处。

放眼拉萨之外，这种基于古法藏香制作工艺而进行的独创、改良也很普遍。例如，山南市的敏珠林寺是宁玛派的祖庭，其创建者德达林巴学识渊博，尤其精通医学。今日敏珠林寺制作的藏香，就是德达林巴在传统藏香的基础上，融入了藏医药理知识改良而成。又如，日喀则市的萨迦派大师格木秋龙珠，本身也是一名医者，在多年的行医修行中偶得一帖藏香配方，试配之后发现不仅无比香醇，还有益于健康，于是便将其记录下来。后来，经过其弟子代代传承，博采众方之长，不断优化改良，萨迦派的藏香渐渐成为名香，流传甚广。

藏香的多元不仅体现在配料与流派，还体现在形态。在实际的使用过程中，藏族人民将藏香优化成了粉末状、大块状、线条状、圆盘状等多种形状。

粉末状的藏香叫"末香"，来自香木的粉末，可以点燃用作熏香，也可以用油料调和成膏糊状，涂抹在身上防止蚊虫叮咬；大块状的藏香叫"瓣香"，将上等檀木劈开成小段即是，由于佛教中将上等檀木视为香中极品，"瓣香"也被称作"大香"；长条状的藏香叫"线香"，因制作的成品"枝长如线"而得名，后文中着重介绍的尼木藏香就是线香的代表之一；盘香与线香相对，因制作的成品弯成重叠的环状而得名。

工业文明的快速发展，对雪域高原上的藏香生产制作也带来了深远的影响，一部分工序已经实现了由流水化机器作业代替纯手工的生产，但内在的理念并未发生本质变化，依然未改，以洁净之心制香仍旧是藏族人心中的共识。

第二章
尼木藏香，声名远播

　　拉萨城西南方向百余公里开外的地方，有一座人口不过三四万人的尼木县城。别看人口不多，规模不大，但尼木的名声却早已享誉四海。这座县城有"三绝"，藏香便是其一。尼木藏香历史悠久，质量可靠。2008 年 6 月，尼木藏香制作技艺被列入第二批国家级非物质文化遗产代表性项目名录，并于 2014 年成功入选西藏自治区"地理标志"，成为西藏地区最具代表性的产品之一。

● 吞巴河上，水磨悠悠 ●

　　巍巍青藏高原，雪山广布，冰川绵延，有"亚洲水塔"之美誉。源源不断的冰雪融水自上而下地流淌，遇谷成溪，聚洼成湖。特殊的地理条件，让青藏高原上河湖广布，而且众多水域清澈见底，可以清晰地看见成群的鱼虾在水下游弋。不过，西藏有一条小河中却从来不见游鱼的身影，只有悠悠的水磨伴着流水，日夜不歇地转动着。这条小河叫"吞巴河"，当地的村民也管它叫"吞巴神曲"。

　　吞巴河是雅鲁藏布江的一条小支流，发源于仓雪峰的西坡，因常年获得稳定的冰雪融水而形成。乍看之下的吞巴河毫不惹眼，区区二十来公里的长度，绝大多数地图上都没有它的标注；三五米的宽度更是不值一提，若非特意寻访，甚至难以引起路人的注意；就连专业的水文资料，

对它的记载都只有寥寥几笔。可就是这样一条虽日夜流淌却不见经传的细小支流，流出了"尼木三绝"之一——举世闻名的尼木藏香。

关于吞巴河与尼木藏香的不解之缘，当地流传的故事如此叙述：吞弥·桑布扎从天竺求学归来之后，在创立藏文、翻译佛经、引进生产技术方面立下大功，成了松赞干布麾下的七贤臣之一，官至御前大臣，为吐蕃政权后续的发展壮大做出了重要贡献。后来，年事已高的吞弥·桑布扎决定退隐，回到了出生地尼木县吞巴乡，并且把毕生所学的藏香制作技艺带到了这里。

制作藏香的第一道工序，就是把上好的柏木磨成泥。如果使用人力或畜力加工，不仅费力、费时，成本高昂而效率低下，显然不适合用来做大规模生产。为了解决生产能源的问题，还乡后的吞弥·桑布扎，很快便想到了穿境而过的吞巴河。吞巴河如沟渠一般的宽度，刚好便于架设水车之类的简易水利设施；由于从山上淌落，地势落差大，水流急，水力资源非常丰富；相对于其他能源来说，水能取之不尽用之不竭，还没有污染。在吞巴乡使用水能生产藏香，可谓是上天做好的安排。很快，吞弥·桑布扎便依照吞巴河的地势，在河道上架起了特制的木质水车。这样一来，人们只需要把木料锯成小段，将其投入水车驱动的石磨当中，便可源源不断地获得细腻的泥料，便于后续环节的加工使用。

据传，水车架好后，吞弥·桑布扎曾坐在吞巴河边观察水车的运作情况。有一天，他看到快速转动的叶轮伤到了水中的鱼，于

是萌生了恻隐之心，在河边竖立了一块石碑，上面写着：鱼儿不得入吞巴河。自那之后，吞巴河里再没有游鱼，"不杀生之水"的传说也因此闻名遐迩，至今仍是如此。

绿树掩映的吞巴河上，流水淙淙，水磨悠悠。这句话既是今日吞巴河景的写照，也是1300多年吞巴河岁月的描摹。吞巴乡的藏族人民坚守以水磨法将尼木藏香磨成了西藏第一圣香；快速上升的销量，也让吞巴河上的水磨从最初的零星几座，变成了一条自上而下蜿蜒好几公里，由250多座水磨依次排开组成的"水磨长廊"，其中有135座被完好地保留下来，至今仍在发挥生产作用；"水磨藏香制作工艺"也从一种制香方法演变成了文化，于2008年成功入选"国家非物质文化遗产名录"，为今日丰富多元的西藏文化，添上了浓墨重彩的一笔。

● 慢工出细活，灵魂造生命 ●

"摘豆蔻，捣沉香，松柏作泥花作尘。一缕云烟梦，几代雪域情。"道法天然的尼木藏香，制作工艺比较繁杂，大体包括磨泥、成砖、揉和、出条、晾晒、捆扎等六个步骤。每一道工序都需要全神贯注地完成，稍有差池，香的质量就会受到影响。

1. 磨泥

制作藏香的第一步，是把柏树的树干锯成长约1尺的小木段，放入水中浸泡2～3天，然后去掉表层的树皮，从中间劈成两半，再装在水磨上。湍急的流水冲刷水车的叶轮，带动岸边的石磨慢慢旋转，大块的柏木就在略带棱角的磨盘中，不断被打磨成泥。

这个过程一般都有专人看守，不时地要往石磨中加水。不加水或者水加得不够，磨出来的木屑成不了泥，就容易被风刮跑；水加得太多既

不容易晒干，还容易冲淡柏木自带的香气，影响最终的成品效果。因此，加水也是一门学问，要依靠丰富的经验才能掌握好。

2. 成砖

水磨周而复始，日复一日地旋转，磨好的木泥也一点点地堆积成丘。达到一定的量之后，人们就会将木泥掏出，置于日光下暴晒、发酵，之后再填入木质的模具中，最后脱模成为砖块以便于储存。到这一步，制作藏香的基料才算初步完成。从暴晒到成砖的周期取决于实际的天气情况，短则几个星期，长则一个多月。

3. 揉和

成型的香砖在使用时，要添加少量的水重新磨成粉末，然后再加入藏红花、红景天、檀香、沉香、丁香、冰片等多种香料，一起揉和成香泥。独特的配方，不同的配比，不仅丰富了藏香的香气，也让藏香有了不同的功效，如添加了丁香的藏香有助于安神，添加了冰片的藏香有助于清热解毒，等等。

由于藏香制作几乎全程都靠双手完成，因此在揉和香泥之前，必须将双手和器具洗干净，一方面是为了减少杂质污物给藏香品质带来的影响，另一方面包含洗去内心杂念的寓意，确保制作完成的每一根藏香都是洁净无瑕的佳品。

4. 出条

调和均匀的香泥，会被放入顶端开了小口的牛角中，然后由制香人的手指挤压，使香泥从小孔中溢出。由于被挤出来的香泥成条状，因此这一步就叫"出条"。

出条看似简单，实际上极其考验制作者的功力与耐性。藏香的实际用途，决定了"出条"的形状必须笔直，长短要大致相当。如果手指挤压的力度不均匀，或者偏向一侧，香泥条就容易弯曲，甚至是断裂。这样的"出条"就属于不合格，只能回炉重造。

在实际操作过程中，即便是经验丰富的制香人也不能保证每一次的出条都成功、漂亮，由此可见这一道工序的难度。

5. 晾晒

经过出条工序，整整齐齐地排放好的香泥就要被挪到户外晾晒。和晒木砖时不同，这时的晾晒要选择阳光充足但温度不高的地方，稍稍晒掉一些水分，让香泥固定成型即可，通常为两到三天的时间。长时间的暴晒很可能让香泥快速脱水而断裂，也会让香泥中的香味快速挥发、变味，从而失去使用的价值。

6. 捆扎

晾晒完揉和了大地动植物之精华、吸纳了雪域高原最纯净日光的藏香之后，就到了藏香制作的最后一道工序——捆扎。捆扎一般都在晾晒环节最后一天的傍晚时分进行。这时，制香人会根据实际需求，用红线将十几根或几十根藏香扎成一捆，然后再包装出售。

晒干的藏香极易折断，因此在捆扎藏香时，每个制香人都会小心翼翼，动作就像抓住婴儿的小胳膊一样轻柔，否则就会前功尽弃。

一根藏香从制作到完成，往往要经历一两个月的时间，里面倾注了

无数手艺人的宝贵心血；藏香多种原料的培植往往要在温暖干燥的时节进行，但西藏最温暖的夏天恰恰是雨季，这也让藏香的诞生变得更加珍贵。

藏香的制作过程复杂而讲究，不仅要求手艺人技术高超，做到熟能生巧，更重要的是自始至终要保持清静而恭敬的心态。因此，与其说古法藏香是一种生产方式，不如说它是一门生产艺术。或许这种"慢工出细活，灵魂造生命"的境界，才是造就藏香千年而不衰的原因。

● 尼木藏香，地理标志 ●

2014 年 9 月 5 日，日光之城秋风阵阵，国家质检总局（今国家市场监督管理总局）举行的一场重要的评审会——"地理标志产品保护技术审查会"在拉萨举行。这场会议对拉萨乃至整个西藏地区意义重大，"古荣糌粑"和"尼木藏香"两个产品通过了国家地理标志保护产品技术审查。截至当年，西藏自治区的"地理标志"产品数量达到 7 个，为西藏高原净土产业增添了新的名牌。4 年之后，也就是 2018 年，西藏自治区的"地理标志"产品数量又新增 2 个，累计达到 9 个，进一步壮大了净土产业的发展规模。

所谓"地理标志"，也叫"原产地标志"，由世界贸易组织负责管辖的《与贸易有关的知识产权协定》中，第 22 条第 1 款将地理标志定义为："其标志出某商品来源于某成员地域内，或来源于该地域中的地区或某地方，该商品的特定质量、信誉或其他特征主要与该地理来源有关。"我国 2001 年修订后的《商标法》也增设了"地理标志"方面的规定，其第 16 条第 2 款规定："前款所称地理标志是指标示某商品来源于某地区，该商品的特定质量、信誉或者其他特征，主要由该地区的自然因素或人为因素所决定的标志。"

简而言之，地理标志也是知识产权的一种，带有地理标志的产品，表示该商品来自某个地区，其商品质量、信誉，或者其他特征，直接受这一地区的自然因素或人文因素影响。从另一个角度思考，地理标志产品，认定的是一个区域内最具代表性的产品，是对一方水土造一方物的最高认可。

总体来说，地理标志产品包括两大类，一类是指在本地区种植或养殖的产品；另一类是指原材料全部来自本地区或部分来自其他地区，并且在本地区按照特定工艺生产和加工的产品。很显然，尼木藏香属于第二种情况。

1. 地域保护范围

根据地理标志产品信息，尼木藏香的产地范围指的是西藏自治区尼木县吞巴乡、塔荣镇、普松乡现辖行政区中的大部分区域。

2. 原材料与配料

原料主要包含柏木、榆树皮、水等三种，其中柏木、榆树皮一般从外界获得，制香的水必须使用吞巴河河水。配料主要包含藏木香、藏红花、白檀香、红檀香、紫檀香、沉香、豆蔻、甘菘、冰片、没药等植物，其中藏木香必须使用产自产地范围内的。

3. 制香工艺要求

原材料经选料、浸泡、去皮之后，投入水磨中研磨，晾晒脱水后制成香砖，而后磨粉再添加香料一同揉搓成泥，借助特殊模具成型后晾干成型，最后包装储藏。其中，研磨过程必须使用吞巴河上的水车，以水磨工艺完成制作；配料根据实际制作需要，将香草、沉香、豆蔻、甘菘、冰片等植物添加到木泥当中。若以手工方式制香，大约 3 份木泥配 1 份半的香料；若以机器方式制香，香料的比重要略微提高，与木泥的配比大约是 3:2 的关系。

在最终的成型阶段，线香一般通过打孔牛角挤压成型，塔香往往由专用的模具挤塑成型，末香一般由香砖直接研磨粉碎而成。

4. 成品特色与规格

制成的藏香从视觉上看，形状有条状、塔状、粉末状之分，其中条状线香，长度不超过半米，直径不超过 4 毫米；塔香高度不超过 5 厘米，直径不大于 1 厘米。从颜色上看，大致可分为土黄色、黑色、红色三类，用鼻子轻轻一闻，味道清香而悠扬。

在过去的千百年来，尼木县吞巴乡在藏香制作工艺上秉承古法，手艺代代传承，与拉萨西郊堆龙德庆区、山南敏珠林寺并称为"三大传统藏香生产地"，历史不可谓不悠久。作为国家级非物质文化遗产，尼木县吞巴乡的制香工艺充分利用了当地的自然条件，同时又凝聚了西藏文化的精髓，与藏族人民的日常生活产生了千丝万缕的联系，是西藏文化不可或缺的一部分，体现了浓浓的藏族历史文化底蕴。授予"尼木藏香"地理标志产品，可谓是实至名归。

第三章
漫话拉萨香

　　藏香，基本都以西藏本土所产的天然动植物为主要原料，然后再通过筛选、配比、提纯等步骤，借助人工的巧妙手法而最终制成。一方水土造一方风物，风物不同，配方就有差异；一个家族育一门工法，经验有别，做法自然千差万别。藏香总体是松柏木泥与诸多藏药调和的产物，但具体到各个品类，背后都有一个专属于自己的故事。

● 藏香——藏药之香 ●

　　藏香，历来就被视为雪域神山中稀有的"天木"。"天木"的珍贵，从藏医典籍中，"天木纯净无染，为养生疗病之良药，辟秽化浊，除恶防虫，通络疏窍，熏治毒疮怪病，祛散山瘴邪气之效"的记载中得以显现。藏香是一种复合香，一般情况下，制作优质的藏香要用到至少二十几种原料，其中不乏一些产自青藏高原的珍贵药用植物。有经验的制香师会先按照药材的特性将它们处理妥当，或施以"水法"，或施以"火法"，使得药性增强，毒性减弱，从而达到祛病养生的目的。颇为讲究的用料，加上纯手工的制作方式，使得各味原料的天然药性得以充分保留，同时散发着藏药之香，这或许是藏香最弥足珍贵之处。

1. 柏木

　　传统的尼木藏香工艺中，把柏木作为用料的首选。柏树本身自带独特的香味，制作藏香所用到的柏木，主要来自柏树的树干与树根，将它们粉碎成末便是上好的天然香料，不过，吞巴乡并不盛产柏树，需要从林芝等地买入柏木，以满足生产需要。

近年来，从降低成本的角度考虑，一部分制香人不再遵循传统的制香步骤，尝试使用其他更加便宜的木料代替柏木，同时调和其他的香料，弥补丢失的柏木香。吞巴乡的次仁老人是尼木藏香的守艺人之一，至今坚持用柏木作为藏香的基料。在老人看来，柏木是藏香的灵魂，没有柏木，做出来的香就不完整。

2. 藏红花

藏红花，学名为番红花，也叫西红花，是一种鸢尾科番红花属的多年生花卉，现已在拉萨大面积种植。藏红花药用价值很高，有镇静、祛痰、解痉等作用，但入药部分仅为每朵花中两三根细小花柱的头部，因此是一种非常名贵的中药材，有"植物黄金"之美称，也是藏医药中最神秘的珍品之一。再加上本身又有较为特殊且浓郁的香味，藏红花同时也是世界上最贵重的香料之一。

目前，藏红花与西藏的社会生活、文化均有很高的融合度，在藏药、藏香、建筑、唐卡艺术、藏传佛教等方面都有应用。在制作中加入了藏红花的藏香，更是被视为宗教祭祀中的重要供品。

3. 红景天

红景天是一种珍稀野生草本植物，通常生长在海拔 1800 ~ 2500 米的高寒无污染地带，我国西藏、新疆、青海等高海拔地区均有分布。红景天具有补气清肺、益智养心等药用价值，在中药中应用广泛。我国古代第一部药学典籍《神农本草经》中，便将红景天列为药中上品，藏医药典籍中对红景天也有较为详细的记录。

和其他的原料相比，红景天香气淡雅，磨粉入香主要是为了提升藏香的药用价值。

4. 雪莲花

雪莲花因其顶部形似莲花而得名，简称"雪莲"，一般生长在海拔2400～4000米的高山雪线附近，且多长在石壁、岩缝当中，既是一味名贵药材，又是一种寓意美好的植物。民间传说认为，雪莲花是瑶池王母到天池洗澡时，由仙女们撒下来的"神圣之物"，所以在日常生活中，特别是在高山地区，人们如在途中遇到了雪莲，往往会将其视为吉祥如意的征兆，并以圣洁之物相待。

雪莲花没有显著的香味，磨粉入香一是为了提升藏香的药用价值，二是代表融入吉祥如意的美好祝福。

5. 檀香

檀香即檀香木，取自有"黄金之树"美称的檀香树。檀香树浑身上下都是宝，檀香木是树心部分的黄褐色木质结构，香气浓烈，既是贵重的药材，又是名贵的香料；檀香树的树根、树干碎材可以用于提炼檀香精油，俗称"液体黄金"；此外，檀香树冠部分的幼枝，以及树木生长过程中修剪下的部分枝条，也是用于制作高档香料的优质原材料。

只取一味原料制成的香叫"单品香"，檀香便是单品香的典型代表，寺庙中也经常燃烧檀香用来礼佛。

除了上面这些，还有像藏豆蔻、丁香、沉香、冰片、沉香、甘松、没药等，都是制作藏香的常用动植物药材。将它们按照适当比例主辅搭配揉搓，就有了各种各样不同场合使用，具备不同功效的优质藏香。

● 优·敏芭：古香新做 ●

西藏藏香的种类丰富而多样。按照藏香的使用场合，可以分为专供寺庙的佛香，以及供普通藏族百姓日常使用的家庭香；按照形态的不同，可以分为塔香、线香、末香、锥香、盘香、瓣香等多个种类。进入 21 世纪之后，西藏旅游业的兴起也给传统藏香发展带来了新的机遇，不同的市场定位、不同的消费群体也让藏香产品进一步细化，一批基于传统藏香而打造的新产品渐渐现身市场，"优·敏芭"品牌之下的系列藏香便是其中之一。

今天的"优·敏芭"藏香被誉为"西藏三大名香"之一，在西藏藏香市场的占比超过八成，在国内藏香市场的占比高达九成，并且远销东南亚乃至欧美等国，雪域高原之外的很多人初识藏香，都是从"优·敏芭"开始的，像"优·敏芭""优格仓""美智敏芭""尼木芒氏"，等等，都是旗下的知名子品牌。

"优·敏芭"藏香的历史已有三百余年，其由来可以追溯至 17 世纪中期。据传，当时的西藏山南洛扎地区，由于疫病肆虐，百姓痛苦不堪。为了帮助芸芸众生祛除疫病，渡过难关，大掘藏师雅龙格巴与弟子优格仓喇嘛采药制香，以火熏烧，最终抑制住了疫情。这道古方就是最早的"优·敏芭"藏香，优格仓喇嘛则成了"优·敏芭"藏香的第一代传人。随后的百余年时间里，优格仓家族的后人们在立足古方的基础上，不断吸收、完善、创新，让"优·敏芭"藏香从制香技艺、程序，到特殊工具的制作，都形成了自身的一套体系，整个"优·敏芭"藏香工艺也变得愈发成熟。

20 世纪中期之后，受众多因素的影响，"优·敏芭"藏香的发展一

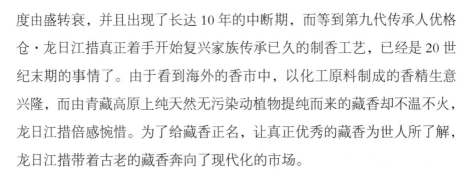

度由盛转衰，并且出现了长达 10 年的中断期，而等到第九代传承人优格仓·龙日江措真正着手开始复兴家族传承已久的制香工艺，已经是 20 世纪末期的事情了。由于看到海外的香市中，以化工原料制成的香精生意兴隆，而由青藏高原上纯天然无污染动植物提纯而来的藏香却不温不火，龙日江措倍感惋惜。为了给藏香正名，让真正优秀的藏香为世人所了解，龙日江措带着古老的藏香奔向了现代化的市场。

　　他做的第一件事，就是遍走西藏，收集各种传统的藏香配方。一些偏远村落里的老人得知龙日江措的初衷，更是喜出望外，甘愿将家中祖传的配方免费赠送，期望制香的技艺能在别处得到传承。在收集的过程中，龙日江措大致估算了一下，截至 2016 年，流散在西藏各地且没有被好好利用起来的制香配方应该在 100 种以上，而他的目标就是尽可能多地收集这些配方，然后将它们整合到"优·敏芭"的品牌当中，成系统、有规模地走向世界，让世人体验到真正的好藏香。

　　获得配方之后，龙日江措还建立了自己的藏香研究所，便于进行制香方面的研究。相比于收集散落在西藏各地的古方，研究全新的藏香配方似乎更为艰难，研究所成立之后的五六年时间里，一共也就研制出了七八种全新的配方。即便如此，龙日江措仍旧乐在其中，将老祖宗留下来的好东西传承并弘扬下去是他的目的。

　　如今，"优·敏芭"所有研制成熟的配方，都在拉萨城东 20 多公里的达孜工业园"优·敏芭香业基地"中，变成了一款款品质上乘的藏香产品。为了保证藏香的味道纯正而浓郁，江措始终坚持使用优质原料，始终要求工人们坚持使用纯手工的方式制作。经典的配方、精湛的工艺，加上精美的包装，定位中高端市场的"优·敏芭"藏香早已凭借过硬的实力收获了众多消费者的认可，成了民间藏香的杰出代表。2012 年，优·敏芭古藏香技艺成功纳入西藏自治区非物质文化遗产名录。截至 2019 年，"优·敏芭"藏香在拉萨市内开设的 4 家直营店铺生意兴隆，网上店铺的订单更是远销内地与海外。

出于一份骨子里的香情，早已是公司老板的龙日江措，每周仍会空出一两天的时间，跑到基地静下心来制香。关于"优·敏芭"的未来，龙日江措显得十分淡然，他不认为自家祖传的好东西就一定要传给自己的孩子，哪怕是外人，只要学得好，就有资格继承"优·敏芭"的香业。"这是我们民族的财富，如果别人比你发扬得好，你就应该感谢人家帮你将如此美好的东西继承并传播开来。"

● 往东去，直孔梯寺有芬芳 ●

风吹麦浪，菜花飘香，江水横流，青山环抱。墨竹工卡县直贡沟的这般美景，其后隐藏的文化遗产也使得这片区域的人文内涵变得更为丰富。

相传文成公主早在 1300 多年前勘察吉雪沃塘时，就发现整个西藏的地形如同魔女仰卧之相，需建寺镇魔。于是，松赞干布便在自己的故乡墨竹工卡选址修建了以镇压罗刹女右肩的嘎则寺。嘎则寺的西南方地势平坦开阔，今天墨竹工卡县的县城就坐落在这里。

沿着拉萨河上游往东便可来到雪绒藏布河畔，门巴乡就坐落在河谷北岸。北岸的山上矗立着鳞次栉比的建筑，那里就是直贡梯寺——藏传佛教直贡噶举派的中心寺院。公元 1179 年，直贡噶举派创始人仁钦白来到门巴乡，接管了一座小寺庙，并在此基础上修建了直贡梯寺，从此兴盛发展起来的教派就被称为直贡噶举派。

当时的直贡地区作为交通要道，人口稠密，经济发达。直贡噶举派创建之后发展迅速，鼎盛时期的僧人数目多达 18 万。以香礼佛的仪式本就非常讲究，加上僧人众多，直贡梯寺的藏香需求量迅速上升。为了解决用香的问题，直贡梯寺组织一群技艺娴熟的僧人开始研究制香。800

多年前，直贡梯寺的创始人仁钦白为祭祀礼佛创制了《七支法》，有关直贡藏香的配方和制作工艺在这本书中都有翔实记载。

经过历代传承人的创新和发展，直贡藏香已经成为一个独特的藏香品种，并且慢慢形成了一套规模化、专业化，且分工明确的生产模式。第二十五代直贡法王仁增曲扎是一位藏医专家，他对直贡藏香做了很多改进，增加了很多地方特色，主要是选取了直贡地区独有的一些植物作为藏香的原料。这些原料，大都采自距离寺庙不是特别远的直贡沟。

盛夏是直贡沟里采摘药材和香料的最佳时节，每年的这个时候，直贡梯寺的僧人巴多每天都要去采药。这时的直贡沟里十有八九是雨天，如此天气丝毫没有影响巴多采药的忙碌。对于家乡的气候节令、地理地貌，他了如指掌，像贝母、虫草、红景天之类的珍贵药材，在这里都能找得到。整个沟谷里繁花似锦、药材遍地，每次向朋友介绍这里的时候，巴多都会自豪地说："这就是我们家乡的'药王谷'，五步之内必有药材出现。"由于药王谷的生态环境良好，草药储存量大，今天很多藏药厂也都会选择在此采购原材料。这里不仅草药繁多，香料植物更是数以万计，水柏枝、丁香、格桑花等等随处可见。在万物生长的夏季，巴多更是不需要耗费多少工夫，就可以轻松采到一袋子的草药和香料植物。

直贡藏香传承至今，已经到了第三十八代，传承人叫次仁平措。虽然已经年近七旬，但他依旧在为直贡藏香的事业而奔波。为了更好地传承和发展直贡藏香，次仁平措投资在拉萨的城郊创办了一个藏香作坊，一有时间就会过来看看。从原料的采摘到晾晒，从材料的混合发酵到祛毒，这些工作次仁平措老人都会亲自完成，几十年如一日。什么香料，要放多少，老人早已娴熟于胸，同样的动作就这样不知沿袭了多少年、传承了多少代。这些动作看似简单而机械，然而它的背后却是古老文明的传承和人文精神的延续。正是代代人无尽地反复与坚守，悠悠藏香才会变得格外脉脉含情。

●格鲁神香——甘丹藏香●

　　拉萨三大寺庙分别是——哲蚌寺、色拉寺、甘丹寺。其中，前两座寺庙坐落在拉萨城郊不远处，在寺庙登顶眺望，便可将拉萨城尽收眼底；甘丹寺则要远得多，它位于拉萨城东五六十公里开外的达孜县城，坐落在海拔 3800 米的旺波日山上。若从拉萨市中心驱车前往，即便是在路途通畅的情况下，耗时也在一个小时以上。然而，遥远的路途并没有让众人止步，不管是到拉萨来的朝拜者，还是旅行者，不少人都将其视为必去之地。有道是"山不在高，有仙则名；水不在深，有龙则灵"，不过甘丹寺不仅气势宏伟，而且有名；不仅文化深厚，而且有灵。

　　甘丹寺是藏传佛教格鲁教派的祖寺，1409 年时由藏传佛教格鲁派创

始人宗喀巴亲自筹建。今日的甘丹寺，总建筑数量达50多座，群楼重叠，布满山坳，颇为壮观。甘丹寺的全称为"甘丹朗杰林"，其中"甘丹"二字是从藏语音译而来，意为"兜率天"，用来指称未来佛弥勒所教化的世界。宗喀巴的法座继承人，历世格鲁派教主甘丹赤巴都在这里居住。

甘丹寺周围盛产一种品质极好的香草。由于只在甘丹寺周围生长，因此人们习惯称其为"甘丹堪巴草"或者"甘丹香草"。关于它的来源，还有这样一个传说：相传在500多年前，宗喀巴见到芸芸众生罹受怪病折磨，顿生怜悯之心。为帮助众生消除痛苦，宗喀巴削下自己的头发，在甘丹寺周围撒播，并且吹奏白海螺。不久之后，寺庙方圆五里的山坳之中，但凡能听到海螺之音的地方，慢慢都长出了这种散发着独特香味的草。

甘丹香草味甘而苦，性凉，药用价值很高，不仅能预防感冒、中风，具备一定的止血功能，用热水浸浴还能消除肢节肿胀，调气润神；将其碾碎焚烧，又是熏除污秽的极好香料，因此当地的藏族人民也将它视为"藏神草"或者"神香"。

基于这些特性，在过去的数百年时间里，甘丹香草日渐频繁地用于藏医药与佛事当中。由于甘丹是传说中的佛陀预言圣地，又是宗喀巴大师成就金刚持果位之地，藏传佛教的历代圣者和广大信徒也对它给予了高度崇敬，只生长于此的甘丹香草自然就被赋予了更高的价值，成了佛像装藏开光的必要圣物。

著名的甘丹寺藏香，就由甘丹香草、玛尼丸以及其他多种珍贵藏药，经纯净的雪水加工而成，其药性和香味深受各界人士的赞誉。由于甘丹香草资源稀缺，含义特殊，由它而制成的藏香，基本只供给格鲁派的诸多寺庙使用，很少外传。因此，即便甘丹寺藏香地位尊崇，但真正知道它的人却并没有多少。

第四章
形形色色藏香人

  一门精湛的技艺，归根到底是门下手艺人精益求精的产物；一段辉煌的历史，终究是代代人前赴后继努力的结果。因此，藏香能有1300多年的悠久历史，能有无可挑剔的产品质量，能有享誉海内外的响亮口碑……究其原因，还是背后形形色色的藏香人在不懈地坚守、传承，这种信念因文化而滋生，也因坚定而以恒久。

● 家家制香，户户传承 ●

  吞巴，悠悠水磨声混合着阵阵柏木香，在这里，几乎家家都有制作

藏香的作坊，户户都有掌握技艺的工匠。在过去的漫长岁月中，这里的人世世代代都在制作藏香，不仅以制作藏香为生，更以制作藏香为荣。不论阴晴雨雪、盛夏寒冬，吞巴乡的每个角落总是洋溢着缥缈的藏香味道。

不过，吞巴乡的制香历史虽然悠久，但在过去，制香这件事却不是谁都可以做的。比如，在人民公社时期，谁来做香、做多少香，这些都由政府部门统一安排。改革开放的春风吹上高原之后，这种状况才得到彻底改变。一时间，吞巴乡的村民们争相遵照祖辈传下来的经验，研究手磨藏香的制法，并且以家庭为单位，创立起了一座座手工藏香磨坊，为今日尼木县发展藏香生产奠定了坚实基础。交通条件的改善与旅游业的兴起为藏香的发展创造了新的机遇，今天的尼木县吞巴乡，从事制香工作的乡民占比超过了八成，制香也成了乡民们一年收入的主要来源。

另外，由于制作工艺独特，配方纯天然无污染，不仅可用于佛事活动，还具有杀灭细菌、驱除污浊之气、预防疾病等功效，尼木藏香很快便闻名遐迩，让过去以家用为主的藏香真正走出高原，畅销全国各地甚至海外。藏香广阔的销路与可观的销量，体现在今日的尼木县吞巴乡，就是村落中生意红火的制香作坊与工厂，以及村民居住的漂亮藏式楼房。

年近五十的亚布是吞巴乡的一位乡民，是"以香为生"的众多吞巴人之一，早在5岁时就开始跟随父亲学习藏香的制作技艺。几十年的制香时间，亚布早已悉数继承了祖辈传下来的理念、配方与技法，成了尼木藏香的传承代表之一。一旦开始制香，亚布总是习惯盘腿而坐，全程全神贯注，调和好的香泥一经装模，亚布就能熟练且快速地将它从牛角中挤出，使其成为一根根笔直的线条，待阴干后直接捆扎，就是一把把成型的藏香。

亚布用娴熟的手艺，以品质卓越的藏香，改善了居住条件，换来了相对富足的生活。走进亚布的家中，两层一共两百来平方米的藏式小楼，房间宽敞而明亮，家具干净而整洁，角落处的绿植精神饱满地盛开着，家中的经堂里摆放着优质的器皿，里面供奉着不少新鲜的瓜果，香炉插

上燃着的香，几乎都是亚布自己制作的。整个家具环境谈不上奢华，但却处处流露着温暖与富足。自上而下的一砖一瓦，里面都流淌着藏香的味道。

和很多藏式小楼一样，亚布家的楼下也有一个庭院，只要是阳光明媚的日子，这里常常能见到亚布和家人一同忙碌的景象，地面上随处可见正在晾晒的方正香砖与条形藏香。在日光的照耀下，精心配制而成的高原草本精华，芬芳徐徐散发，那是吞巴乡空气里特有的味道，是藏家制香人生活的味道，更是藏香文化代代传承的味道。

● 顿珠大叔：在制香中修行 ●

吞巴乡境内有一家藏香研发中心，藏香生产工艺的创新与研发，以及一部分藏香的生产制作都在这里进行。推开研发中心的制香室，一股淡淡的清香扑鼻而来，这便是藏香的味道。澄澈的雪域阳光透过玻璃大窗，洒在地上排成行的藏香上，一位大叔正盘腿而坐，一只手捏着牛角，另一只手指尖熟练地用力推挤，泥条就如变魔术一般，笔直地躺在了垫着纱网的板子上。

这位大叔名叫顿珠，是吞巴乡制香世家的第四代传人，2008 年被评为西藏自治区级的藏香制作"非遗"传承人。制香年龄长达 30 多年的他，至今每天仍要花费大半天的时光和香打交道。平均一天下来，顿珠以纯手工的方式可以制出 150 把藏香，短香主要供西藏本地游客选购，长香则会稍加包装，运往高原之外的成都、广州等地。

和造纸、制陶等手工业一样，制香人也有一套称手的工具，带孔牛角便是其一，它是藏香出条环节中必定要使用的物品。柔软的香泥填入牛角之后，经过制香人指尖力量的推送，从另一端的小口挤出，成为铺

在平板上的细长泥条，线形的藏香便有了雏形。

牛角质地非常坚硬，是牛进攻、防御的有力武器。然而在数十年的制香生涯中，顿珠已经用坏了好几只牛角，正在使用的这只也已用了整整七年，手指固定用力的地方早已深深凹陷，形成了一个肉眼清晰可见的印记。漫长岁月中，制香的痕迹不仅印刻在数年一换的牛角上，也留在数十年如一日一直默默坚守的顿珠身上。因为常年制香，顿珠的手指关节早已变形，肩膀、腰背、膝关节经常疼痛，痛感不强时便咬咬牙坚持，痛感强烈时，最多也就是暂时放下手里的活，稍稍感到好转后便又重新开始。

不过，和顿珠一样秉承千百年来的古法工艺，至今坚持手工制香的人并不多，即便是在西藏最大的手工藏香生产地——尼木县，情况也是如此。工业制香显然更加快捷、高效，对制香人而言也更为轻松，为什么以顿珠为代表的老师傅们仍要选择坚守呢？有不少人也问过顿珠类似的问题，顿珠也给出了自己的答案：坚持手作并不是惧怕创新、因循守旧，而是不忘初心，回到原点。

过去的藏香，主要用作佛前供奉的必要之物。作为供物的生产者，制香人在每一个环节开始之前，不仅要保持手和器具的洁净，还要让内心怀有虔敬之心。换而言之，对于制香人来说，一根藏香从无到有，从有到优的过程，既是一件产品的诞生，也是一个洗去杂念、洁净内心的过程。改用机器生产藏香，显然只能取代前者，却不能代替后者。

和手工制香的漫长历史相比，机器制香的时间非常短暂，在一些关键的生产环节中，可优化的空间还很大。例如，机器制香的揉和、出条环节确实高效，但由于机器挤压香泥的力度远大于手工，因此机器制香的密度非常大，燃烧过程中，香料与药物的挥发效果反而比不上纯手工制作的藏香。因此，即便机器制香能获得更为丰厚的收入，顿珠依旧不为所动，坚持以厚实的双手耐心且细致地依次完成每一道工序，坚守着古老技艺的本真。

今日的顿珠早已过了知天命的年纪，身体状况显然没有最初制作藏香时那般硬朗，可一旦开始制香，顿珠就会端坐身姿，做到手忙而身不动，像打坐一般认认真真地完成每一道工序。而且相比于包装设计、创立品牌，顿珠目前更多的心思还是花在制香本身，带着敬意把香做好仍旧是顿珠最大的愿望。"有些香包装很好看，但里面不好"，基于这种认识，顿珠一直坚持用报纸或塑料袋包裹，拿一根红绳轻轻却又牢固地捆扎，选择用过硬的产品质量，同慕名远道而来的消费者对话。

截至2019年，吞巴乡已有几十名年轻人在跟顿珠学习尼木藏香的制作工艺。作为尼木藏香艺术的传承人，顿珠也是将毕生所学倾囊相授。在他看来，传承手艺不仅是传承制香的方法，还要传承手工制作的初衷，以及背后那深远的意义。

禅宗六祖惠能大师有云："佛法在世间，不离世间觉，离世觅菩提，恰如求兔角。"简简单单二十字，抛出了对佛教中"修行"这一老生常谈话题的思考。修行从来不只是念经打坐，更无须指定在某一处进行，而在于做好每一事，处好每一境。修行其实是修心，修的是价值观念、思维方式、处事心态，于人于事都能正确看待，智慧处置。所谓"担柴运水无不是道"，全心全意做好香亦是如此。

● 旦增格西的"藏香经" ●

拉萨城关区有一条丹杰林路，别看只有区区几百米长，却是拉萨最为热闹的街道之一，著名的大昭寺广场就坐落在道路南段的东侧，终日人头攒动，香火兴旺。从广场出发转入丹杰林路，不管往南往北，整条由石板铺就的马路两侧，都可见三四层高的藏式小楼依次排开，餐饮店、手工店、香店等西藏店铺分列其中，引得五湖四海的游人聚集于此，从不同角度认真品鉴西藏文化的韵味。在众多店铺当中，有一家藏香馆低调而独特，名叫吞·曼仲。要知道拉萨街头的藏香馆不计其数，但像"吞·曼仲"这样的体验馆却屈指可数。

推开体验馆的大门，幽幽的藏香扑面而来。馆厅面积虽然不大，但给人的感觉非常温馨，暖色灯光投映的架子上，陈列着一些古老的制香物件，让人真正体验到一眼千年的历史感。只要前来的客人有兴趣，馆内有着多年制香经验的老师傅便会手把手地传授尼木藏香的制作经验，有的客人原本并不太了解藏香，一番体验过后反而乐在其中，有些更是当即决定买点藏香带回家，可以说是既满足了人们的好奇心，又在无形中传递了历史悠久的尼木藏香文化。

想出体验馆这个点子的，正是吞·曼仲的老板——旦增格西。

旦增是一位上世纪80年代末出生的小伙，别看他年纪轻轻，却与藏香的关系非常密切。旦增出生在素有"藏香之源"美称的尼木县，从小就在袅袅藏香的熏陶中长大，早就立志跟着父亲学做藏香。也正因为这份理想，旦增毕业之后便毅然回到拉萨，快速组建起了一家以经营藏香为主业的公司，并且在拉萨市"首届青年创新创业大赛"中，凭借吞·曼仲藏香项目一举夺得了第三名的好成绩，而这距离他从学校毕业，仅仅过了两三年的时间。很显然，旦增对做好自己的藏香事业有着独到的认识与理解，甚至可以说，从制作到销售，一个环节都没有落下。

作为曼仲庄园藏香的第十四代传承人，旦增在面对这份悠久的祖业时，并没有急于照搬祖上的经验，而是不断融入自己的思考。曼仲藏香源于尼木藏香，而尼木藏香已经非常出名，如果曼仲藏香不能做出自己的特色，则很难做出自己的市场。旦增仔细研究了曼仲藏香的特点，香气浓郁是传统曼仲藏香的一大特色，但不少客人在第一次接触曼仲藏香时，都认为香气过于浓郁，有些难以接受。如果市场的接受度不高，曼仲藏香的推广就会变得非常困难，藏香的文化传承也就成了无源之水。为此，旦增开始认真琢磨传统配方，做了无数次尝试，并且多次将试验

中的产品寄给内地的朋友，让他们使用之后能提出意见和建议。今天市面上销售的曼仲牌藏香就是旦增无数次改良后的产品，香味独特、持久，却不浓烈，很受欢迎。

在品质的把握上，旦增也颇为用心，坚持选用好料，精工制作。品质上乘的藏香，质地均匀，颜色天然，拿时不掉粉，不沾手，肉眼就能初步辨别；好的藏香点燃之后，味道清幽耐闻，既不刺眼，又不刺鼻，香韵持久。出于对曼仲藏香品质的信心，旦增坚持使用简易包装，让懂香的人一眼就能辨别出优劣。

现代科学技术的发展也让传统藏香在产品形式上有了更多可能，电子熏香便是其一。在对市场需求做出详细调研，经过多次试验开发之后，旦增在西藏地区首次将电子熏香技术与藏香结合在一块，做出了电子香熏版的藏香。使用时，这款产品既保留了传统藏香的天然香味，又不至于产生烟气，深受消费者喜爱。

做好了产品本身之后，旦增将所有的精力都放在了推广上。丹杰林路上的体验馆就是旦增的一次创新，可以算是体验经济在雪域高原上的一次有益尝试。旦增开店的初衷非常简单："藏香是藏文化的代表，而用古老工艺手工制作出来的藏香才是最地道的。我想通过藏香体验馆让人们对藏香的原料、制作过程有更加深入的了解，也可以传承传播有着悠久历史的尼木藏香文化。"

除了传统销售渠道，旦增还借助网络，把曼仲藏香的知名度做到了内地市场。在他的印象里，父辈辛辛苦苦做完香之后，往往还要背着香到城里去卖。过去交通不太方便，从尼木到拉萨，路上搭车有时要花费大半天的时间，不仅费时费力，而且市场规模也比较小，卖不起好价钱。现在物流发达了，做好的香直接往外发，天南地北的生意都能做，销路很快就打开了。

今天的旦增不仅是拉萨市曼仲商贸有限公司的董事长，还是尼木藏香协会的副会长，在关注曼仲藏香的同时，更关注整个藏香行业的发展情况。"作为尼木藏香传承人，我有责任和义务深入挖掘藏香蕴含的传统文化精髓，带领团队结合时代要求继承创新。下一步，我们会研发一些藏香衍生产品，同时在藏香标准化生产方面多下功夫，争取带动更多的农村青年创业致富，为农业、农村经济发展和脱贫攻坚工作做出应有的贡献。"

● 仁青药香，香飘布达拉 ●

西藏的九月是收获的时节，连片成熟的青稞在河谷里、山野上，迎着秋风摇曳，此时雪域高原的田间地头，处处可见农牧民们忙碌的身影。手起刀落，一茬茬青稞倏然伏地，然后只见农牧民们用手熟练地一绑，成捆的青稞便整整齐齐地排列在了路旁。秋收过后，不少偏远地区的农牧民们便会专程前往拉萨做朝圣之旅——到圣城的地界上转经、磕头、烧香、礼佛。

拉萨城内著名的香火处有很多，布达拉宫便是其一。鼎盛时期，专程前来烧香的人群熙熙攘攘，川流不息的局面有时甚至能持续到深夜。慕名而来的人们都相信，只要心怀虔敬，内心的祝福便会随着袅袅升腾的青烟抵达上苍，神明必将读懂其中的寓意，从而降福于人间。

布达拉宫旺盛的香火不仅来自自身的名气，也来自藏香本身的质量。不是所有的藏香都能成为布达拉宫的专用香，事先要经过层层严选，多重把关。每日供奉的诸多藏香之中，有一款名叫"仁青药香"，是由一位名叫仁青德哲的青年手制而成。虽然产量不大、包装不华，却是布达拉宫相关的管理者非常青睐的品牌。

仁青药香为什么能与布达拉宫的香火结缘？这里面其实隐藏着一个曲折而动人的故事。

　　仁青德哲的父亲曾经是四川省阿坝县一位非常富有的商人，在拉萨经营着一家牛奶公司。后来因为遇上纠纷，公司业绩一落千丈，拖连家中负债累累，父亲曾试图挽回这一局面，却终因重病缠身而含恨离世，一大堆债务的偿还，自然落到了仁青德哲的身上。

　　当时年仅 18 岁的仁青德哲毅然离开阿坝，来到拉萨替父亲还债。之后的 4 年多时间里，仁青德哲早出晚归、寒来暑往地拉蜂窝煤，原本堆积如山的债务，硬是被他用一块块洒满汗水的蜂窝煤给还清了。无债一身轻的仁青德哲不再忙碌，闲暇了几天之后，开始思考起自己的未来：小时候梦想着学做藏香，但终因家庭的变故而不得不放弃，现在机缘巧合地来到了拉萨，为什么不向这里最好的藏香大师拜师学艺呢？

　　这个念头在脑海中一起，便再也挥之不去。接下来的一段时间里，他逢人就打听哪里有厉害的藏香大师。后来，仁青德哲去了日喀则，并且在那儿与一位 70 多岁的藏香大师相识。大师起初婉拒了他的拜师请求，但在得知了年轻人的曲折经历后，便毅然决定将毕生所学倾囊相授，收下了这位关门弟子。

　　从认识药材到辨识药性，从药材搭配到磨制药粉，制作藏香的每个细节，大师都毫无保留，仁青德哲也虚心学习，勤于请教。过了 1 年多的时间，仁青德哲依靠自己的努力实践获得了大师的认可，顺利出师。下山之前，大师特意嘱托："一定要坚持手工制作藏香，不要投机取巧，要严格按照配方去做。"仁青德哲连连点头，并且将这番话铭记于心。

　　带着学成的制香技艺，仁青德哲回到了四川的阿坝老家，想在这里开办一家藏香厂，不想却四处碰壁。走投无路之际，仁青德哲又回到了拉萨，决定先到一家藏香厂打工，然后再盘算下一步的出路。在工作期间，仁青德哲将之前学到的本领灵活应用，因为做出来的香品质优良，老板还给他涨了工资。

　　或许是受到了父亲经商的影响，在工厂中积攒了一些经验的仁青德哲考虑再三，决心开办一家自己的藏香工厂，打造一个自己的藏香品牌。

很快，他便在仙足岛上租下了一栋三层小楼，然后在楼里收拾出了一间工作室。自那时起，仁青德哲最常做的事情，就是把自己关在岛中央的小房间里，伴着日夜流淌的拉萨河水，一心一意地研究自己的藏香。没过多久，仁青德哲便如愿地办起了自己的藏香工厂——拉萨仁青德哲工贸有限公司；与此同时，他也如愿地打造出了自己的藏香品牌——"仁青药香"。

出于大师生前的教诲，以及配方保密角度的考虑，仁青药香的药品采集、研磨配料，乃至制作成型，几乎都靠仁青德哲亲力亲为，最多只在供需旺盛的夏季招两名临工处理些杂事，从而确保每一根仁青药香都具备无可挑剔的品质。

"好水、好药才能造出好藏香"，这是仁青德哲多年以来一直信奉的理念。正是十年如一日地以朝圣般的心情认真做香，认真对待每一次的研磨、揉搓、挤压，仁青药香才能在众多藏香品牌中脱颖而出，成为布达拉宫和大昭寺的专供香；也正是因为品质可靠，价格不菲的仁青药香依旧能收获世人的口碑，引得高原内外的众多香客争相购买。

关于未来，仁青德哲也看得很明白：做香如做人，香会灭、烟会散，只要品质好，就能代代传。

第五章
熏香与信仰

香道是千百年来中国人的智慧积累，也是华夏民族与自然和谐共处的佐证。得益于天时地利的滋养，藏香以其独有的颜色、香气和形态为人们深深喜爱。莘莘草木、蕾蕾花朵与宗教信仰、居家生活、艺术审美融为一体，通过灵心慧手达到花草入藏药、花草成藏香、花草通天达地、敬神安心等目的。藏香自始至终都在以最本真的色香味，提醒我们要常怀感恩、敬畏自然。

● 供养三宝，有情众生 ●

当清晨第一缕阳光刚刚洒向雪域高原时，60多岁的顿珠阿妈已经起床。只见她走向经堂，熟练地点上一支藏香之后站定，一心一意地上香供佛。袅袅香烟刚一飘散，房间里便充盈着一股淡淡的暗香，在顿珠的心目中，这便是美好一天的开始。从拉萨到日喀则，再到山南、那曲、林芝，几乎在每栋藏式小楼、每个藏族家庭之中，都有一个类似于顿珠阿妈的人物，任草木枯荣，花谢花开，唯独清晨上香供佛这件事，年年不曾改变，似乎早已融入了西藏农牧区人民的日常生活。

以香供佛这件事由来已久。藏传佛教的不少经文中都记载，好的藏香点起来可以净化空间与身心。藏传佛教宁玛派祖师莲花生大师的语录中便有这样一句话："香味弥漫三千大千世界，药香合和的净水来沐浴；如意积云于空降甘露，一切污垢秽物皆净化。"简单来说，就是一切污垢秽物都可由藏香的芳香净化，而供香的实质就是供养香味。

关于以香供佛还有一个传说。叙述因缘故事的佛教典籍《贤愚经》中便提到，佛陀住祇园时，一位名叫"富奇那"的长者建造了一座旃檀堂，准备礼请佛陀。只见他手持香炉，朝祇园的方向遥望，心怀佛陀，虔诚致意。香炉中散发的袅袅烟香飘往祇园，降落在佛陀头顶上，形成一顶"香云盖"。佛陀知道后，立即朝富奇那的旃檀堂走去。这个故事算得上是佛教中以香敬佛的缘起，总体也能代表佛教中的一个通识：香是使者，是让佛门弟子的诚心能传达到佛祖的媒介。

不过在佛教中，燃香除了供佛，还要供法、供僧。佛、法、僧，它们都是佛教徒皈依的对象，合在一起称为"佛教三宝"。佛教认为，只有皈依三宝，佛教徒才能真正修得解脱之道，因此在佛事当中，燃香之事其实供养的是三宝。

佛教三宝中的第一宝是佛宝，而"佛"是由梵文中"佛陀"一词音译过来省略而成的，意译过来是"觉者"，指不仅自己圆满觉悟了宇宙人生的实相，并且还能指导众生都达到圆满觉悟的大圣人。圆成佛道的本师释迦牟尼佛就是佛宝的代表。

佛教三宝中的第二宝是法宝，是三宝当中的核心。"法"也是从梵文中音译而来的，指佛教的基本义理，也称教义和教典，能引导众生如实了解事物的本质，帮助解脱包括生死在内的各种烦恼。另外，也有把佛经称为法宝的讲法。佛教的法宝总体包括三藏十二部经、八万四千法门，而释迦牟尼的教法是佛教法宝的代表。

佛教三宝中的第三宝是僧宝。"僧"是由梵文中"僧迦"一词音译过来省略而成的，最初用来指由不少于四个出家人所组成的僧团，后来泛指依照佛法如实修行、弘扬佛法度化众生的广大僧众。

除了供养三宝，燃香还有一部分意义在于供养"众生"。在佛教中，众生即指有情，包括一切有情识的生命形态。因集众缘所生，故名为"众生"。

当然，对于一般的民众而言，上香一事不见得有佛家所说的一般深奥。燃一炷藏香，静默站定，表达的是内心的一份感激与怀念，或是对过往的去染成净，也可能是对未来的透彻开悟。简而言之，香焚烟炉内，烟燎达上苍，诉的是内心的虔诚信仰。

● 三支藏香敬真诚 ●

在西藏，无论是大寺小庙还是寻常百姓人家，每天都会供奉藏香。

西藏的敬香习俗与西藏的宗教文化有着密不可分的关系。在佛教中，香被称为"戒定真香"，象征着佛教中持戒、禅定、智慧这"三无漏学"。持戒就是培养良好的道德规范和行为准则；禅定是指追求内心平静、安宁、专一的状态；智慧则要求透过培育智慧来观照我们的感官。如此一来，才能断除一切烦恼，成为断尽一切烦恼的"漏尽者"，成为值得礼敬、尊重和供养的圣者"阿罗汉"。通过燃香来供奉佛祖，就意味着发愿"勤修戒定慧、熄灭贪嗔痴"。这样的祈愿会随着烟缕传与佛知，并将佛法传遍虚空法界，感通十方诸佛，功德福报无量。

前面提到过，敬上三支香也代表着供养佛、法、僧三宝。敬香的时候一般右手燃香、左手插香。点燃的香可以用拇指和食指夹住，其余三指合拢，并举到与眉毛平齐的位置。上香的过程分为三步：第一支香插在香炉中间，表示皈依佛，觉而不迷，这里的佛是觉者，此即皈依真理，永不迷惑；第二支香插在香炉右边，表示皈依法，正而不邪，这里的法即佛法，拥有佛法，人生便有了办法；第三支香插在香炉左边，表示皈依僧，净而不染，这里的僧指内心的清静，又是众生的导师、续佛慧命的使者。三支香通过燃烧自己，普香四方，照亮众生，提醒修行者要觉悟和奉献。

在西藏，很多制香人对藏香心怀无比的崇敬，在开始每天的制香工作之前，都要先虔诚地完成敬香的仪式，在他们看来，只有怀着对于佛法僧的虔诚，把制作藏香的每一道工序当作修习戒定慧的功课，才能在制作过程中静下心、沉住气，不厌其烦地将每一道工序认真负责地完成好。而在忙完了一天的活计之后，再次点燃一支藏香作为一天的结束，首尾呼应，以示圆满。

位于拉萨东南 100 多公里的敏珠林寺，历史上曾是西藏文化研究的中心，许多人都曾在这里学习藏文和藏医。这里的僧人不仅以优美的藏文书法著称于世，还掌握着制作藏香的绝活。这里收藏有目前西藏保存最古老、记载最完整的藏香配方，距今已有 300 多年的历史。公元1670 年，敏珠林寺的创建者德达林巴法王，依靠自身掌握的天文历算和藏医学知识，在传统藏香的基础上加入了白檀香、紫檀香、丁香、麝香等 30 多种珍贵的藏药材，制成了敏珠林寺特有的名贵藏香，被称为藏香中的珍品。在过去，敏珠林寺生产的藏香一直特供布达拉宫和噶厦政府，是过去西藏达官显贵们的指定用香。

出于内心的崇敬之心，今天敏珠林寺的僧人们还是像过去一样，坚持着藏香制作中不可缺少的仪式，其中一项就是在制香之前为藏香原料进行隆重的加持。这一步骤是藏医药中的一项传统做法，距今已有千余年的历史。按照祖先的惯例，所有采摘的药材都要在完成了这个加持仪式之后才能进一步加工。

春天的敏珠林寺，处处散发着藏香特有的味道，这种味道几百年来一直弥漫在雪域高原的上空，也随风飘入了每一个寻常的家庭。虔诚的敬奉随着藏香烟缕从寺院一直绵延到辽阔高原，一炷炷清香也带着僧众和百姓的虔诚祈祷，把吉祥和幸福传送到了一个个点香者。

第六章
从传统再出发

在过去的时光中，藏香并非一成不变，它也紧随着社会与时代的脉搏，在缓慢而有节地发展。近年来，随着越来越多新的科学技术不断涌现，各行各业的生产方式得到了极大改进；随着生活水平的日渐提高，人们在方方面面的需求也出现了不小的变化。面对这一时代背景的变迁，从传统再出发，与时俱进、扬长避短也是藏香未来最好的发展出路。

● 清新淡雅藏素香 ●

提起拉萨，很多人的脑海中不由自主地就会浮现出布达拉宫的模样。坐落于拉萨市区玛布日山上的这座依山垒砌、群楼重叠，集宫殿、城堡和寺院于一体的宏伟建筑，是西藏规模最庞大、保存最完整的古代宫堡建筑群，也是藏式古建筑的杰出代表。自公元17世纪落成以来，凝结了藏族劳动人民智慧的布达拉宫在目睹了千百年来汉藏文化交流过程的同时，也收藏和保存了众多丰富而珍贵的历史文物，是雪域高原上展现西藏文化的耀眼明珠。

宫内保存的诸多文物中有相当一部分以藏纸记载的文献资料，其中就有历史上收集到的许多古法藏香配方，其中有一种配方以"素"为理念，与传统古法藏香有较大的出入。然而，由于年代久远，加上文献资料的缺失，这款配方的明细已无处考证，后辈们只能沿着老祖宗流传下

来的零星信息，不断地尝试、摸索。

2018 年 9 月 7 日晚，以"畅游新西藏，守护第三极"为主题的第四届中国西藏旅游文化国际博览会在拉萨开幕。为期四天的展会，一共引得国内外两百多商家参展，众多藏族风韵浓厚的民俗产品纷纷亮相，其中一款由拉萨楚布文化传播有限公司推出的秘制藏香引来了众人的关注。这款秘制藏香便是由布达拉宫内以"素"为理念的神秘藏香启发而来。

提起研制这款藏香的初衷，楚布公司的一位创始人拉巴片多感慨道："宇宙万物都有自己的磁场，有自己需要的味道，我们不能为了个人的需要，而威胁到其他动物的生存。"2017 年，楚布公司在当时已有的相关研究基础上，耗时 1 年多时间，成功研制出了一款"藏素香"。相对于传统的藏香而言，这款藏素香既保留了古法中应有的部分，又创造性地去除了传统配方中动物香料的部分，让失传多年的"素香"理念重新出现在藏香市场。

藏素香的生产以古法素香配方为底本，博采众藏香生产加工之长，其间还得到了不少制香大师的建议，总体呈现出"纯""净""精""韵"四大特点。

藏素香的配方涉及 36 类原材料，包含红景天、余甘子、干姜、多刺绿绒蒿、兔耳草、石榴、白檀香、紫檀香、越南沉香、藏红花、烈香杜鹃等多味药材。其中的大部分材料取自西藏本地的高原净土，剩余的则需从尼泊尔、缅甸等地进口。由于每一款材料的选择都遵循"纯天然""纯植物""纯绿色"的标准，无化学添加成分，因而称其为"纯"。

所谓"净"，在于原材料本身的质量上乘，纯天然无污染，又以经过多层过滤的泉水做引，沿用吞巴水磨藏香的制作技艺，采用古老的水磨低速研磨，道法天然的技术能最大限度地保留原材料本身的药性，使最终的成香香味独特而醇厚，淡雅而持久。

与所有藏香一样，藏素香的制作工艺同样讲究而繁复，故称其为"精"。各种香料被研磨成粉之后与柏木泥精心混合，经过搅拌、揉合、打泥、发酵、成型、晾晒、捆绑等一系列工序，耗时 1 个月左右方可最终成香。

藏素香之韵不仅源于天然的材料，更来自制作中使用的青稞酒。所有原材料在初加工完毕之后，便会投入青稞酒中炮制。在这个过程中，香料中的有毒成分会被去除，同时又能让多味香料的融合程度变得更好，让最终成品的香味变得更为清淡宜人，意蕴悠长。

今天，拉萨很多地方都能买到楚布公司研制的藏素香，在网上搜索藏素香的关键词就能轻松找到相关的购买页面，包括"助睡眠香"在内的多款产品都获得了消费者的深深喜爱，可以说藏素香已经在竞争激烈的藏香市场中站稳了脚跟，并且作为传统藏香文化的代表之一，朝新时代的市场迈出了创新的一步。

● 最美村镇的藏香厂 ●

1600 多年前，东晋时期著名散文家、诗人陶渊明以实写虚，用笔创造了"芳草鲜美,落英缤纷"的世外仙境。21世纪之初,从拉萨沿318国道一路向西到达尼木县境内,陶渊明笔下"缘溪行,忘路之远近。忽逢桃花林,夹岸数百步……"之景仿佛跃然眼前成为现实,一处世外桃源般的小山沟在暗香浮动悄然显现:跨过小桥,一片开阔的坡地任凭视线舒展,倒映着蓝天白云的流水在青翠的草地上蜿蜒,座座悠久的木质水车吱嘎作响,堆堆柏木香泥散出阵阵芬芳。每一秒的停留,似乎都是对感官的陶冶,从视觉到听觉,最后到触觉。这里是尼木县吞巴乡吞达村,是西藏最美村镇所在的地方。

吞达村是整个西藏第一个做村庄规划的村落,而科学的规划也让古老的村庄走进了发展的新天地。2012年5月,西藏自治区建设厅正式下文批复由中国城市规划设计研究院编制的《西藏尼木县吞巴乡吞达村村庄规划》,意味着吞达村的村庄规划正式进入实施阶段。"藏文鼻祖之乡、水磨藏香之源、幸福和谐之村",美好的蓝图一经敲定,村落中的一切也都开始随之而变,以水磨手工藏香为代表的非物质文化遗产便是其中之一,它关乎最美村镇的幸福生活。

20世纪末至21世纪初,以贡嘎机场扩能改造完成、青藏铁路竣工通车为代表的西藏交通里程碑工程相继完工,大大改善了青藏高原的交通运输条件,"千里高原一日还"的便捷也推动了拉萨乃至整个西藏旅游业的快速发展,西藏多彩的民族历史文化也日渐频繁地走出高原,活跃在全国乃至世界的舞台上。

就像藏药、藏陶、藏纸一样,藏香也是藏族文化中的一个奇葩,并且在快速发展的时代中经历着自己的现代化。不过,迅速增长的市场需求让以藏香为代表的西藏传统手工业既迎来了发展的机遇,也面临着严峻的挑战。有着上千年历史的尼木藏香由于高度依赖手工制作,生产效率低下,产量非常有限,供不应求的状况给了廉价"山寨香"以可乘之机。在"劣币驱逐良币"的情况下,正品的尼木藏香甚至一度被挤出市场,这不仅影响了藏香文化的传播与传承,也极大地影响了包括吞巴乡在内的一大批藏香手工艺者的生计。

不过，一批北京援藏干部的到来为尼木藏香的发展带来了新的理念，尼木藏香的开发乃至整个尼木县发展模式的转变也渐渐走上了一条新的道路。从发展旅游业做大藏香市场，到规模化制作提高生产效率、入选国家非物质文化遗产名录，再到确立藏香生产标准，成功拿到拉萨市首个国家地理标志，尼木藏香的开发与保护工作慢慢步入正轨，并且在有条不紊地进行。

一切看得见的改变始于 2006 年，也就是人们真正可以坐上火车去拉萨的那一年，尼木县将吞巴藏香作为重要的旅游产品开始开发。一时间，政府主导，民间响应，大大小小的藏香工厂相继在吞巴乡竣工并投入使用。除了政府开办的尼木县藏香厂，以及随之建设的藏香展览馆和展销点，村民们还自行创立了不少藏香工厂，318 国道旁的罗布仁青纯手工藏香厂便是其中之一。

罗布仁青纯手工藏香厂的老板加措是吞巴乡吞达村二组的一位村民，14 岁就开始跟着父辈学习制香的技艺。经过数十年的磨炼，加措于 2008 年成立了现在的公司，并且为自己生产的藏香产品注册了"罗布仁青"的商标。因为质量可靠，罗布仁青牌藏香很受欢迎，销路很好，年收入达 20 多万元，这也让他迅速成了村里致富的带头人。

如今，光是在吞达村，做香的农户就超过了八成，几乎家家户户都在做香。尝到增收致富的甜头之后，农牧民们做香的积极性也更高了，一部分制香经验丰富的村民，甚至愿意主动投入藏香产品的优化创新，乃至周边产品的营销推广之中，藏香香包、藏香香薰等产品的推出，更是扩宽了藏香的消费市场，也进一步提高了藏香文化的知名度与影响力。"越做越好，越好越做"，在这样一种良性循环之下，具备悠久历史的尼木藏香凭借着可靠的质量，又重新在更大更宽的市场中站稳了脚跟。

● 吞巴景区：藏香村里藏香游 ●

尼木县最南边，尼木火车站正对面，318国道上有一个丁字路口，路口的东北角立着一块红底黄字、汉藏双语的广告立柱，上面赫然写着"尼木吞巴景区"六个大字，在蓝天白云的映衬下格外显眼。从一旁的小路往里步行百余米，整个景区"吞巴水车昼夜转，藏香飘绕意悠扬"的景象便逐渐在眼前显现。

吞巴景区依托藏文字创始人、藏香创始人吞弥·桑布扎的故乡所在地而建设，整个建设过程可谓别具匠心，不仅完好地保存着吞弥·桑布扎故居、吞巴庄园等古建筑，还将包括藏纸、雕刻等八项不同级别的非物质文化遗产。为了进一步提升游玩的深度，景区还兴建了全国第一座以藏文字为主题的博物馆，另外还将尼木县丰富的民俗活动与传统手工艺融合进来，形成了丰富多样的民俗文化表演，旅游资源可谓非常丰富。

藏香作为"尼木三绝"之一，在景区中自然占有不小的比重。赋予尼木藏香以灵魂，淌着"不杀生之水"的吞巴河蜿蜒其中。西藏唯一一处"用水磨香"的地方就在这里，为了让游客更好地观看水磨藏香的生产全过程，景区专门建设了一个观景台。登台而望，由两百多座木质水车错落有致排列而成的水磨长廊尽收眼底，磨好的柏木泥堆成一座座香塔矗立在水磨旁等待搬运，初步加工成形的几百块香砖整齐排列在草地上晾晒，从磨泥到成砖的过程一览无遗。一阵微风吹过，鼻息间木香阵阵，耳鬓旁水磨悠悠，场景甚为壮观。

历经多年的前期准备，吞巴景区一期区域于2013年6月20日正式对外营业。景区运营初期，318国道是沟通外界的唯一渠道，由于没有公共交通的支持，游客只能选择包车或自驾往来，到拉萨至少2个小时，去日喀则差不多3个小时，谈不上很方便。可即便如此，吞巴景区在试运营的头一年，凭借着优秀的旅游资源，成功接待了各路游客 15000 余人次，让尼木县的农牧民们第一次真正吃上了"旅游饭"。

拉日铁路的通车为吞巴景区乃至整个尼木县的旅游发展带来了一次宝贵的机遇。2014 年 8 月 16 日，位于尼木县城西南侧，夹于雅鲁藏布江与 318 国道之间的尼木火车站正式投入运营。随着拉萨开往日喀则的一列火车缓缓停下，车门慢慢开启，数十名乘客走下列车，尼木站迎来了历史上第一批乘火车抵达的客人。火车的开通让拉萨到尼木的时间缩短到 75 分钟，让日喀则到尼木的时间缩短到大约一个半小时，大大方便了游客的参观。

为了充分用好铁路这一家门口的巨大交通优势，吞巴景区也做足了准备，不仅利用尼木车站和拉日铁路旅客列车做了大量宣传展示，还将景区的环保车开到了火车站的出站口，免费接送到吞巴景区参观的游客，在提高景区吸引力、知名度的同时，也大幅缩短了接驳阶段的时间，显著改善了游客的旅行体验。

保护传统文化，其中的一个重要部分是让传统的事物能创造价值，能融入现代文明，吞巴景区就是立足拉萨传统文化而做出的一次有益尝试，整个尼木县城乃至整个拉萨民俗风情与旅游文化，因此而有了一个生动、多元、全面的展示窗口。此外，这片区域还被划为"尼木藏香文化旅游区"，成了"西藏黄金旅游环线"中的一个重要节点，依托藏香等民俗文化的旅游业，逐步变成尼木县，乃至整个拉萨、整个西藏的支柱产业。几番冬去春来，有故事的吞巴景区为越来越多的人所知晓，过去单纯依靠藏香吃饭的农牧民们也体验到了日子越过越滋润的味道。

站在修葺一新的吞巴藏式小楼上向外眺望，318 国道上车来车往，拉日铁路运输忙。来来往往的车辆上，除了搭载匆忙行路的旅人与整装待发的货物，里面更多的是走出去的拉萨传统文化，以及走进来的幸福富足生活。

● 合作社里有"香"事 ●

北京东路是东西向横穿拉萨城区的一条中轴路,大体沿拉萨老城"八廓"的北侧而行。行走在这条长约两公里的路上,可以感受到大小昭寺的香火氛围,品味到冲赛康市场的市井买卖,体验到木如寺的修行时光。道路两侧的藏式楼宇之间,藏着不少貌不惊人的小巷,它们大都不太宽敞,宽不过十余米,窄的只有六七米,但随便往任何一个巷口里拐去,眼前所见的却都是最原汁原味的拉萨生活。

这片区域面积不大,但却人头攒动,熙熙攘攘,引得西藏各路手艺人在此开店摆摊,从青稞酒、酥油茶、甜茶,再到藏药、藏毯、藏纸、藏陶、藏香,以及各式各样的藏族服饰……关于西藏文化可以想象到的一切,这里应有尽有。可能是因为八廓区域临近寺庙,众多店面之中,藏香店和藏香摊占了相当大的比重。

家住尼木县吞巴乡的格桑丹增老人就是北京东路周边的卖香人之一。21世纪初期的拉萨旅游业日渐兴旺,引得越来越多来自五湖四海的客人奔赴高原,他们的流连为包括藏香在内的一众藏族传统工艺带来了新的市场和希望。把优秀的手工藏香卖给远道而来的客人,成了老人这些年来从尼木往返拉萨的最大动力。

老人制作的香,全都装在随身携带的一个小铁箱里。找到一个合适的角落,打开箱盖,新做好的一捆捆长短不一的手工藏香,便整整齐齐地呈现在人们的眼前。没有过多的装束,没有醒目惹眼的招牌,给摊位做宣传的,就是铁盒中徐徐散发的香气,时而面对游人注视的目光时,老人由衷流露出自信的吆喝与笑容,说道:"早起点一支,净化空气,提神醒脑;头疼脑热点一支,放松大脑。"

这些香,全都来自尼木县吞巴乡的藏香合作社。2010年,在吞巴乡党员次仁罗杰的带领下，藏香合作社正式成立，一时间，全乡的农牧民群众纷纷购买藏香的制作设备，红红火火地干起了藏香生产加工的事业。祖辈传下来的精湛工法，加上纯天然无污染的动植物资源，以及后辈人对传统工艺的尊敬与遵守，在这些因素的共同作用下，吞巴合作社生产的藏香，品质经得起考验，由于大都使用简易包装，价格亲民，销路非常好。有时不到半个月的时间，格桑丹增老人光是卖香，纯收入就能达到5000多元，极大地提高了生活水平。因此，尽管老人现在年事已高，但在卖香这件事上仍旧充满动力。"趁着还能走动，我要为合作社多出一份力，也让更多的人认识吞巴的藏香。"

除了格桑丹增老人，尼木县的藏香合作社，至少让百余农户实现了增收致富。据统计，到2018年时，尼木县吞巴乡的藏香合作社已经多达36家，并且初步形成了"吞弥圣香""明古藏香"等一批合作社的品牌，其中，光是"吞弥圣香"就研发出了6种藏香产品，年收入多达百万元，经济效益非常可观，平均下来，加入合作社的每个农户，年收入可达5万元左右。藏香制作带来的经济收入，已经占全乡经济收入的百分之八十以上，真正达到了"建一个组织、兴一个产业、活一方经济、富一方百姓"的效果。

今天的尼木县吞巴乡吞达村，不论从文化传承还是生产效益来看，都是名副其实的"藏香第一村"。千年传统藏香文化在这里与时代和市场紧密合拍，谱写了一曲美妙而温暖的幸福之歌。合作社的"香"事还在火热地继续，藏香带来的福泽也会如吞巴河水一般久远绵长。

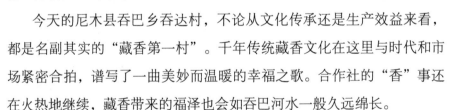

第七章
氤氲藏香，福泽绵长

"香"字的上面是一个
"禾"，下面是一个"日"，
禾苗在太阳的照射下所散发出
来的味道就叫香。人们在考古
中发现，关于香的历史大约可
以追溯到几万年前。香在历史
长河中绵延不绝，又在不同的
地区演绎出不同的精彩。西藏之香便是藏香，它承载着藏族先民的福泽，
在历史的长河中不断氤氲、升腾，最终从雪域高原传播到了世界各地，
由宗教之物走进了日常生活，成了护佑藏族人民的福泽上品。

● 焚天木，净身心 ●

燃一支藏香，沁人心脾的幽香便弥漫进人间。无论气势恢宏的庙宇，
还是寻常人家的佛堂，都能闻见这熟悉的味道。源自天然、纯手工制作
的藏香，让整个西藏都氤氲在一片佛国的安详中，焚香净身心，似乎成
了藏族人民的共识。

《莲花生语录》中有云："一切污垢秽物皆可由芳香净化。"这句
话中所说的芳香就是深受人们喜爱的藏香。在西藏大大小小的寺庙里，

藏香就像酥油灯一样，是必不可少的配置。从藏族人的第一首牧歌响起，从出家人的第一声颂祷开始，袅袅香雾在雪域高原之上，一飘就是很多年。

佛教故事中关于藏香的记载有很多，佛教经典更是将藏香视为雪域神山中稀有的"天木"——礼佛供养之上品。由此，焚香也就被称之为"焚天木"。称香为"天木"，除了有"天"和"神"的宗教意义，还与"草"和"木"的药用价值密切相关。在长年累月的劳动生产中，勤劳而智慧的藏族先民们发现，一些树木的枝叶经过焚烧，不仅可以发出与谷物一样的稻香，还能祛除人们身上的污秽之气。

中原地区自古也有类似于"焚天木"的传统，《尚书·舜典》记述舜帝登基时，就有"岁二月，东巡守，至于岱宗，柴，望秩于山川"这样的描写，其中"柴"指的就是焚香祭祀之类的活动。除了祭祀，中原地区的人们在日常的生产生活中也会通过焚香，来达到辟邪、驱虫、医疗等目的。比如，人们会用香汤沐浴、插戴香草、佩戴香囊，用香草装饰居所，用香木构筑房屋，甚至以香为礼。时至今日，在许多地方还保持着用艾草熏香消毒的习俗。

除了广义上的用香，具有一定仪式感的焚香活动在整个中原地区都十分盛行。而焚香活动真正开始流行，成为一种上至天子，下至黎民，尤其为文人士大夫所推崇的活动，主要还是在魏晋时期佛教兴盛起来之后。佛教自创立以来，就一直推崇用香作为修行的一种方式，正如谢灵运所描述的一样："法鼓朗响，颂偈清发，散华霏蕤，流香飞越。"在这一时期，礼佛和焚香几乎成了密不可分的整体。唐朝时，皇室的丧葬活动需要焚香，祭祖需要焚香，庄重的政务场合需要焚香，就连科举考场都要焚香。沈括在《梦溪笔谈》中便提道："礼部贡院试进士日，设香案于阶前，主司与举人对拜，此唐故事也。"

别看中原地区与吐蕃地区相隔数千公里的路程，这番变化却给整个西藏的文明发展带来了深远的影响。唐朝是中原与西藏交流最为频繁和

密切的时期之一。吐蕃政权统领下的西藏文明，不仅受到了印度佛教的影响，还受到了来自大唐王朝的汉传佛教影响。大唐皇室礼佛焚香的传统，自然也就随着唐蕃和亲的队伍，影响到了西藏。

自宋代开始，中原地区的焚香逐渐从宗教仪式转变为了文人雅士日常生活中的爱好，强化了焚香的保健意义，这一点也在后续的交流中，徐徐传入了雪域高原之上。随着元朝中央政权对于西藏地区控制的加强，文人墨客焚香静坐的雅好，也对当时西藏地区僧侣们的修行打坐仪式产生了影响。

● 燃藏香，淡雅生活入芬芳 ●

宋池是昆明老街正义坊中一家香店的老板，十几年来一直潜心研究香道，平时闲下来最喜欢做的事情之一就是"打香篆"。"打香篆"就是"做篆香"，而"篆香"则因为形似古人的篆体字而得名，又叫"印香"，是古人智慧和涵养的细腻表现。任何粉状的香料都可以用来"打香篆"，粉末状的藏香亦不例外。世人对篆香的喜好自古有之，在宋朝时候达到了巅峰。宋代的诗词中也有不少表现篆香香道的作品，如李清照的"篆香烧尽，日影下帘钩"，秦关的"欲见回肠，断尽金炉小篆香"，等等。在今天，香道给予人更多的是疲惫之后的怡情养性，让心灵暂时地放松和栖息。

打香篆时，香粉要分成多次、每次少量地缓缓倒入模具当中，然后不断调整、压实、抚平。由于模子的纹路非常细小，香粉一次倒得太多，纹路就容易不显形；压得太用力，香粉过于密实，这样的篆香又不容易燃烧。整个过程都要求做篆香的人平心静气，不能心急，越急越打不好。完成后，便可起篆脱模，看最终的成品效果。如果是自用香，这时便可引火燃篆，感受淡雅生活入芬芳的滋味了。

在宋池看来，香气不但是植物的灵魂，而且可感可知，真实存在，这一点与藏族人对藏香的认知不谋而合。这种柏木与花草混合出来的香料在青藏高原历史悠久。在今天的高原之上，点燃藏香早已成了藏族人民日常生活中一个不可或缺的部分。生活在拉萨市区的白马央金，每天早起后都会习惯性地点燃几根藏香，然后拿着点燃的藏香在家里一边走，一边晃动，让藏香的气味遍布家中的每一个角落。在央金看来，藏香是净化家中空气的绝佳用品，能起到杀菌消毒的作用。完成了家中的消毒之后，央金便会把藏香放在香盒里，任凭缕缕青烟缓缓升腾，源源不断地为屋中补充清新淡雅的幽香。

很多人并不清楚，看上去气候恶劣的雪域高原实际上是植物的王国。在这里，药用植物就达一千多种，是制作藏香最理想的原材料。大多数的藏香看上去普普通通，但却有着其他熏香无法比拟的功效，这是因为藏香大都是用柏木泥与不少药材和香料混合制成的。传统的中医认为，柏木所发出的芳香气体具有清热解毒、燥湿杀虫的作用，再加上多种名贵藏药的加持，藏香焚烧出来的香气可以祛病抗邪，培养人体正气。长期焚染此香可以滋养五脏六腑，开慧养性。因此，经常焚香，不仅可以防止病菌的侵入，还能使人心情变得舒畅，以焚藏香的方式养生，也就成了藏族人民特有的一种习俗。

如今，科学技术的快速发展也让藏香产品有了颠覆式的创新，不仅种类变得日渐丰富，形态也变得愈发多样，打破了过去一千多年的时间里只能用火点燃的枷锁，电子藏香薰炉以及与之配套的藏香粉便应运而生。

除了点香，藏香还被创造性地开发成了静置的产品，像颜色鲜艳、香味浓郁的藏香香包就是一大特色。这些香包外层的袋子大都用漂亮的丝绸做成，里面装有二十多种藏药，既可放在各类箱子、柜子、抽屉等家居密闭空间当中，也能随身携带，达到增香、除菌的作用，很受消费者的欢迎。

传统的藏香也尝试跨界到了香水、精油等领域。现在市面上售卖的藏香香水，大都只有一支口红的大小，可以轻松放置在口袋中，外出携带非常方便。藏香精油的销售也很火爆，拧开瓶盖，静置一旁，让其自然挥发，就能达到与焚香类似的效果，还避免了焚香时可能带来的烟尘，让藏香的使用空间可以进一步扩展到汽车等移动场所当中，对于部分呼吸道较为敏感的消费者而言也更为友好。

最新的藏香产品，还与时俱进地与运动健身、睡眠安神等需求紧密联系在了一起，风靡世界的瑜伽运动就是一个很好的例子，做一个焚香跌坐的"瑜伽士"便是当下的一种流行运动时尚。

总而言之，文化底蕴浓厚、药用价值突出的藏香，已经随着方方面面的跨界创新，让清幽淡雅的藏香之韵，从更多角度沁入了人们的日常生活之中。

● 把拉萨的味道带回家 ●

每个藏族人民心中都有一个信念——藏香有灵，只要心中的信念不灭，藏香就会像无数藏族人的生命一样，在这片神秘而古老的土地上流传下去。伴随着烟雾的升起，伴随着家人们的祝福与愿望，诸福运也必将来到这片人间净土。因此，以藏香为礼，更是藏族人民至诚至胜的一种表达。

在汉藏长期交往过程中，很早以前藏香就流传到内地，使用藏香的习俗在当时内地的贵族豪门中逐渐扩散开来，用藏香一度成了彰显生活品质的象征。每逢除夕，豪门富户都会彻夜焚烧藏香，其气味浓厚，集沉香、檀香、芸香的优点于一身，触鼻芬芳，属于香中之贵者。宋朝更是一个为香疯狂的朝代，举国上下，人们从饮食起居、美容化妆到医药养生、宗教祭祀都离不开香。宋代文人洪刍在《香谱》中就赋予了藏香一些传奇色彩，称其是："因龙斗而生，若烧其一丸，兴大光明，细云覆上，味如甘露，七昼夜降其甘雨。"到了清代，西藏与内地往来愈发频繁，藏香作为贡品进入皇宫，皇帝也常以藏香馈赠给尊贵的大臣或客人，《续修云林寺志》中便有类似的记载："庚戌年，恭逢高宗纯皇帝（乾隆）八旬寿诞，奉抚宪奏明，进京祝寿，敬礼无量寿佛忏，钦赐藏香、福字黄缎等物。"

近些年，来西藏旅游的人越来越多，不少游客在旅游返程时，都想随手带回一些西藏本地的礼物作为纪念，藏香便是一大热门选择。因此，旅游市场的藏香需求迅速增加，西藏传统的藏香生产，不论是数量还是款式，都与市场需求出现了较大的差距。很多制香师看到了这一现状，于是纷纷求变，尝试在传统手作的基础上加以创新，好做出更符合市场需求的藏香产品。比如，优·敏芭藏香的第九代传人龙日江措就根据现代人的需求，研制出了80多种类型的藏香，不仅在国内许多城市开了专卖店，还把藏香卖到了国外，让藏香的精髓为世上更多的人所知。

今日藏香的火爆不仅体现在西藏的旅游市场上，也体现在快速发展的网络消费中。互联网技术的快速发展，让网购的触角在雪域高原上快速蔓延，大到专业的工厂，小到家庭的作坊，有了网络订购的助推，地处偏僻区域的村落，也能与外界鲜活的市场无缝连接，让新鲜手制的藏香在成形的那一刻就能找到千里之外的买家，让藏香的美好与韵味更容易地走进四海万户。

当然，藏香的火爆既来自千百年积淀的名气，与西藏旅游业的蓬勃发展有关，跟持续扩大的生产规模和可靠的产品质量密不可分，同时也离不开背后无数手艺人数十年如一日、代代相传的坚守与支持。唐朝诗人李绅曾在《悯农》一诗中，以"锄禾日当午，汗滴禾下土，谁知盘中餐，粒粒皆辛苦"的句子感怀粮食的珍贵，粒粒都由辛勤农民的汗水凝结而成。制香的道理如出一辙——遥望座中香，根根皆辛苦。缕缕青烟、悠悠藏香的背后，无不饱含着藏香人的技艺专精、满腔心血与无上真诚，因此，今天有更多人选择把藏香带回家，带走的不仅是雪域圣香，更像是带走那至纯的真诚与福分，同时也是在以实际行动，支持藏香文化往未来传承。

作为藏族文化的重要组成部分，作为古老佛教文化中的荣耀瑰宝，藏香之韵在不同的时代里不断地创新、突破，既红红火火且又悄无声息地洋溢了一千多年。秉持着"经典永流传"的信念，我们也相信在遥远的未来，吸收了天地之精华的藏香仍旧能以诱人的魅力与时光赛跑，如明珠一般在雪域高原上始终熠熠生辉。

主要参考文献

ZHU YAO CAN KAO WEN XIAN

［1］拉萨市城关区彩泉民族手工业研究中心编.藏纸生产工艺的抢救与发展过程［M］.北京：民族出版社，2010.

［2］潘吉星.中国造纸史［M］.上海：上海人民出版社，2009.

［3］曹刚.中国西藏地方货币［M］.成都：四川民族出版社，1999.

［4］牛治富.西藏科学技术史［M］.拉萨：西藏人民出版社；广州：广东科技出版社，2003.

［5］刘原，叶于顺，阿旺丹增.中国西藏邮政邮票史［M］.拉萨：西藏人民出版社，2009.

［6］文藏藏.西藏的藏香［M］.北京：人民邮电出版社，2015.

［7］周锡银，望潮.藏族原始宗教［M］.成都：四川人民出版社，1999.

［8］白玛措.藏传佛教的莲花生信仰［M］.北京：中国藏学出版社，2008.

[9] 房建昌.历史上西藏造纸业考略 [J].中国历史地理论丛，1994（4）.

[10] 索朗仁青，齐美多吉.浅析传统藏纸生产工艺及开发前景 [J].西藏大学学报（汉文版），1996（1）.

[11] 次旺仁钦.藏纸考略 [J].西藏研究，2002（1）.

[12] 索朗仁青，古格·其美多吉.西藏传统藏纸工艺调查 [J].中国藏学，2009（2）.

[13] 铁惟草.濒临消失的藏纸制作工艺 [J].纸和造纸，2010（8）.

[14] 央扎西，王雯雯.强巴遵珠　藏纸传人，慈祥"阿爸" [J].中国民族，2013（2）.

[15] 阿贡·次仁平措，努木.香满人生——国家级非物质文化遗产直贡藏香传承人阿贡·次仁平措口述史 [J].西藏艺术研究，2018（2）.